考试脑科学

达夫 —— 著

天津出版传媒集团

天津科学技术出版社

图书在版编目（CIP）数据

考试脑科学 / 达夫著. -- 天津：天津科学技术出版社，2022.12（2023.12 重印）

ISBN 978-7-5742-0676-2

Ⅰ.①考… Ⅱ.①达… Ⅲ.①记忆学－通俗读物 Ⅳ.① B842.3-49

中国版本图书馆 CIP 数据核字（2022）第 214793 号

考试脑科学
KAOSHI NAOKEXUE

| 策 划 人：杨 譞
| 责任编辑：杨 譞
| 责任印制：兰 毅
| 出　　版：天津出版传媒集团
| 天津科学技术出版社
| 地　　址：天津市西康路 35 号
| 邮　　编：300051
| 电　　话：（022）23332490
| 网　　址：www.tjkjcbs.com.cn
| 发　　行：新华书店经销
| 印　　刷：三河市华成印务有限公司

开本 880×1 230　1/32　印张 6　字数 150 000
2023 年 12 月第 1 版第 2 次印刷
定价：38.00 元

前言

P R E F A C E

　　大脑是人体的"司令部",它是人体活动的控制中心。高效的大脑可以使人体潜力得到更有效的发挥,使人拥有冷静而稳重的情绪和积极乐观的态度。更重要的是,高效的大脑可以让人拥有出众的思维能力和创造力。

　　考试依赖我们的大脑,要想考取好成绩,就要学会科学养脑、科学用脑。一个人是否聪明,尽管有遗传、教育、环境等多方面因素的影响,但科学养脑和用脑对大脑的超常发挥有着至关重要的影响。那么,我们怎样才能做到科学养脑和用脑呢?

　　科学养脑方面,调节饮食,提供大脑最需要的营养是最简单、也最实际的办法。现代科学研究表明,大脑的正常运作需要补充足够的蛋白质、碳水化合物、脂肪、矿物质、维生素等营养物质,如果能够通过科学的饮食使大脑营养得到全面的补充,就可以清除大脑障碍、健全大脑功能。因此，我们在日常生活中更应该学会这种"以食为养"的健脑方式，借助食物营养来健脑，达到既强身又益智的目的。

科学用脑对考试取得好成绩同样重要。有的同学脑子越用越灵，思维越来越活跃，触类旁通，非常聪明；而有的同学却越来越糊涂，思维就像一团乱麻，理不清，道不明。他们之间的区别，其实就在于善不善于用脑。学生时代是一个学知识、给大脑"充电"的时代，有紧张的课业任务要完成，又是一个身心剧烈发展，需要运动变化的时期。所以，科学合理地用脑对自身发展显得尤为重要。善于用脑的人要注意劳逸结合，动静交替，经常变换脑力活动的内容。如复习功课时，可以文理学科交替复习。

本书是关于"大脑"与"考试"的脑科学通俗读物，围绕"如何让大脑高效应对考试"这一问题，从大脑营养、记忆力提高、激活大脑潜能、大脑冲刺、大脑放松、脑力升维等方面，详细讲解了科学养脑、科学用脑的原理和法则，以及高效应对考试的方法与策略。书中丰富的内容、精彩的案例、科学有效的方法，结合大量的实用技巧，不仅可以帮助各类学生提高学习效率，在小学生考试、中考、高考、研究生考试、公务员考试、职业资格考试等各种考试中超常发挥，取得超预期的成绩，而且对于上班族、需要创造力及想象力的专业人士，以及随着年龄的增长而有必要重新给大脑充电的人，都有极大的帮助。

CONTENTS

第一章
找到大脑最好的营养，吃出超强大脑

大脑的优劣由什么决定的 ………………………………… 2
大脑喜欢碱性食物 ………………………………………… 7
大脑是个爱吃糖的"孩子" ……………………………… 9
蛋白质是大脑神经细胞的"建筑材料" ………………… 12
大脑吃健康的脂肪 ………………………………………… 14
矿物质，大脑离不了 ……………………………………… 19
大脑健康取决于自由基与抗氧化剂之间的平衡 ………… 27
越吃越聪明，这些补脑食物应该多吃 …………………… 32
高考生明目健脑食谱 ……………………………………… 51

第二章
考分高不高，关键在记忆力好不好

大脑是如何记忆的 ………………………………………… 62
记忆强弱直接决定成绩好坏 ……………………………… 67

右脑的记忆力是左脑的 100 万倍 ················70
超右脑照相记忆法 ································75
左右脑并用创造记忆的神奇效果 ···················79
蛋白质是记忆力好的基础 ··························82
大脑记忆力好,吃好 DHA、磷脂酰胆碱很关键·84
葡萄糖可以提高大脑记忆力 ·······················87
矿物质和维生素帮助大脑提高记忆力 ············89
17 种提高记忆力的食物 ···························90
增强记忆力的食谱 ································95

第三章
思维导图激活大脑潜能,炼就学霸应试力

让你受益一生的思维习惯 ························102
为什么思维导图这么好用 ························104
思维导图开发大脑潜力 ··························108
思维导图工具箱 ·································112
尝试思维导图日记 ·······························115
思维导图激活思维灵活性 ························118
如何绘制思维导图 ·······························121
绘制你的专属思维导图 ··························124

第四章
大脑冲刺，稳拿高分的备考技巧

5轮备考的复习技巧 128

数学的5种备考技巧 131

语文的5种备考技巧 134

英语的4种备考技巧 136

化学的4种备考技巧 137

物理的5种备考技巧 140

第五章
大脑放松，从容应对的考前心理调节术

考试——勇敢者的游戏 144

考试之前有准备 146

愉快的考试入场方法 152

考试前的心理按摩 156

克服怯场 158

考前轻松减压5大"撒手锏" 160

4招克服考前头脑发"木" 162

考前吃饭5忌2宜 163

第六章
脑力升维，超常发挥的考场答题策略

答卷有高招 ·································· 166

开始进攻"敌人" ························ 169

5种考题的不同答法 ···················· 171

答客观题的6大技巧 ···················· 172

高分答题的6个关键点 ················ 174

主观题得高分4大诀窍 ················ 176

临场考试超常发挥的6大策略 ······ 177

第一章

找到大脑最好的营养,吃出超强大脑

大脑的优劣由什么决定的

脑位于颅腔内，它受脑膜和厚厚的颅骨的保护，处于一种特殊的营养性液体——脑脊液中。脑脊液具有缓冲作用，在颅骨受到冲击时起到保护脑的作用。脑是神经系统的中枢，也是人体内最复杂的器官。脑虽然重约1.3千克，但所消耗的能量约占人体全部能量的20%。

无论何种组织，都需要一位具有卓越领导才能的领导者，来带领组织顺着正确的方向前进，从而达到其最终的目标。如果这位领导者不能明确自己的职责，将组织引向错误的方向，那么这个组织将会非常令人担忧。同样，如果把我们的身体看作是一个组织，那么起领导作用的就是我们的"大脑"。如果大脑没有起到应有的作用，那么我们身体的各个部分就不能发挥出相应的功能。

人脑的9/10是大脑，其余的1/10包括了小脑、间脑、中脑、脑干和延脑，它们位于大脑下方，延脑和骨髓相连，骨髓向下直到背部，将脑和身体其他部分的神经联系起来，组成一个神经系统。它们分别发出和执行不同的指令，各司其职（如下页图所示）：

大脑：大脑内部有很多褶皱，人们常常拿核桃仁来比喻大脑，

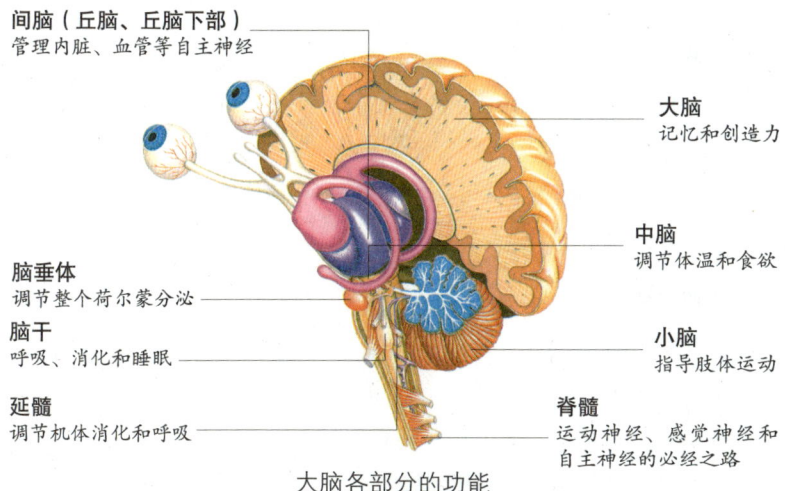

大脑各部分的功能

因为不但两者的外形非常相似,而且它们都由一层坚硬的外壳包裹着。

大脑由神经细胞、神经纤维以及填充在两者之间的神经胶质组织组成,它是实现高级脑功能的高级神经中枢,是整个人体的"统领者"。人类所特有的思考、记忆和创造等功能都由大脑来完成。

间脑:位于大脑和小脑之间,主要管理内脏、血管等自主神经,间脑内有丘脑和丘脑下部,控制和调节着整个荷尔蒙系统,并维持体温、进食、饮水、脑垂体荷尔蒙分泌等活动的正常运转。

脑垂体:负责调整各种激素的分泌。

松果腺:负责调节褪黑素的分泌。

中脑:视觉与听觉的反射中枢,不但控制眼球的活动,还负责调节体温和食欲。

- **丘脑**

　　丘脑位于间脑，所有感觉信息都会经过这里。丘脑的内部有多个核群，这些核群将视觉信息和听觉信息等感觉信息传达给大脑。

- **丘脑下部**

　　丘脑下部位于丘脑的下方，是自主神经系统的最高中枢。它控制着机体中多种重要的机能活动，如体温调节、体内平衡、饥饿、口渴等人体自主功能以及脑垂体功能调节等维持生命的相关活动。丘脑下部体积很小，连脑总体积的1%都不到。

小脑：位于后颈部上方，头盖骨后方内侧。人脑的大部分神经元（感受刺激和传导兴奋的神经系统的功能单位）都存在于小脑。小脑具有维持人体平衡和协调运动的功能，并与条件反射和感觉器官的活动有关。比如，大脑发出"抬起大拇指"的指令，那么小脑便向与大拇指活动相关的肌肉准确传达该项指令。再比如，伸出胳膊使晃动的身体保持平衡的动作也是在小脑的作用下完成的。小脑虽然不及大脑，但也具有记忆和简单计算的功能。

延髓：具有调节机体消化和呼吸等维持生命的重要功能。大脑和小脑受损不会立刻危及生命，但如果延髓受到损伤，人就会立即死亡。

脑干：呼吸、消化和睡眠等维持生命的身体调节作用由脑干来完成。

脊髓：与脑干相连，位于大脑的最下方。它是运动神经、感觉神经和自主神经的必经之路。

由此可知，大脑不但控制着人的精神活动，还控制着人体所有的机能活动。正所谓牵一发而动全身，只要大脑有任何一块区域无法正常工作，就会影响到整个人体。

就像上网需要网络环境一样，我们人体内部也遍布着人类生存和活动所必需的神经网。互联网需要有一个保存信息、发出信号的服务器，人体内的神经网同样也需要一个起到主服务器作用的器官来保存信息和下达命令，而这个器官就是大脑。

常常有人将人的大脑比作电脑，确实，大脑和电脑有很多相似的地方。人脑由140亿个神经细胞构成。一个神经细胞就类似于一台电脑。当大脑进行信息处理的时候，会将众多神经细胞连接起来，组成一个网络，将相关的信息尽可能全部地调动出来，以帮助完成相关的信息检索。

那么，大脑的网络是怎么形成的呢？

脑神经细胞之间是通过轴突、树状突起等联系在一起，形成一个网络。每当有外界刺激来入侵时，这个网络就会发生变化，从而带动整个大脑对外界的刺激做出反应。这些反应过程是十分复杂和神奇的，但可以肯定地说，高速地"变"是大脑网络工作的显著特征。

我们的大脑是在无意识的状态下以瞬间的高速运转来履行职能的，并可以一次性地处理多个信息。这就是我们大脑的最伟大之处。所以我们可以一边开着车一边听着音乐，一边想着家人，这些复杂的事情对大脑来说，是轻而易举的。

电脑可以在几秒钟就计算出人脑要耗费几天才能得出的结果。但是，电脑不管经过多少次的重复计算，它在计算方法上也不会有任何的改变，电脑靠自己的程序也不会发生本身的进步，它只能按部就班地按照人类的指令进行工作。可人的大脑就不一样了。

人的大脑一直在求"变"。

每一个信息进入我们的大脑，脑神经细胞之间的网络关系都会发生变化，大脑的功能也在不断地调整，朝着最有效的方向发

大脑的构造

人脑内包含数亿个神经元（神经细胞）和神经胶质细胞，神经胶质细胞起着支撑和保护神经元的作用。

人脑主要包含3部分：大脑约占人脑总重的90%，是脑中最大的部分，大脑的外层是大脑皮层，大脑皮层上的褶皱所形成的凸起叫作"回"，凹槽叫作"沟"，每个人大脑皮层的褶皱都不完全相同，组成大脑皮层的神经元叫作灰质，灰质的下面则是白质，白质大多是由长长的神经束或轴突组成。大脑是由左、右两个大脑半球组成，这两个脑半球通过神经纤维相联系。

通过观察大脑的切面图，可以看到大脑的其他部位。脑干上方是球状丘脑，丘脑负责传播大脑皮层从脊髓、脑干、小脑和大脑其他部位所接收的信息。下丘脑很小，靠近脑的底部，它在激素的释放过程中起着重要的作用。另一个部位是扁桃核，它控制着人体内的一些基本功能。尾状核辅助人体的运动。在大脑底部观察到的连接大脑两半球的神经纤维称为胼胝体。

展。比如，我们在玩电视游戏时，刚开始的时候因为不懂规则，所以怎么也玩不好，但玩过几遍之后，那些无用的操作就减少了，越玩越熟练，得分也越来越高。

也就是说和电脑相比，我们人类的大脑就有着自动改写程序的功能，这个功能使大脑可以最有效地发挥作用。我们的大脑经常坚持不懈地做这种努力，所以在此过程中，人类对复杂事物的判断力和一些综合处理事物的能力也在不断地提高。

正因为大脑本身就有"变"的功能，我们的脑子才会越用越灵。因为频繁动脑会使大脑网络连接更加通畅，这也预示着大脑有通过锻炼得到发展的空间。

大脑喜欢碱性食物

学过化学的人可能都知道，人体内环境的 pH 值应该在 7.35 ~ 7.45，也就是说健康人体的体液应该呈弱碱性。如果人体 pH 值长期低于这个平均值，就属于酸性体质。酸性体质的人群免疫力低，容易生病。

随着生活水平的提高，人们在选择食物的时候喜欢偏向于肉类食

人体血液的 pH 值要保持在 7.4 左右，必须荤素搭配才能使酸碱度保持平衡。

碱性食物

物,殊不知当我们摄大量摄入高脂肪、高蛋白、高热量食物之后,容易形成酸性体质,大脑当然也成为"酸性脑"。重要的是它能直接影响大脑和神经的功能,因而,酸性体质的人容易烦躁,记忆力和思维能力也很差,如果情形严重,还可能导致孤独症等,甚至有可能发展成神经衰弱和精神疾病。

既然"酸性脑"大多是吃出来的,那么,饮食反过来也可以调节人体的酸碱平衡,体质酸化或酸性体质的人只要多吃碱性食物,少吃酸性食物,就会使体液变成碱性,这样才有利于大脑健康。

对于酸碱性食物的区分,大家可能都存在错误观念,以为靠舌头品尝,以味觉来判定是酸味或涩味;或取石蕊试纸,按理化特性,看其颜色的改变,变蓝为碱性,变红为酸性;或以平日饮食之经验来区分,以为柠檬、醋、橘子、苹果等食物口味偏酸,因此属于酸性食物。总之众说纷纭。其实食物的酸碱性,取决于食物中所含矿物质的种类及含量。

碱性食物包括新鲜蔬菜、水果及鲜榨汁,它们除了能增高体内碱性,还能供给人体各种营养素,夏季适宜多多进食。而各色汽水、酒类、牛奶和各色奶制食品,含糖分的甜品、点心及肥肉、红肉等,大多属于酸性食品,不宜过多食用。

大脑是个爱吃糖的"孩子"

大脑喜爱甜食,这是因为葡萄糖是大脑可利用的唯一能量来源。同时,我们的大脑的胃口相当大。一个成年轻体力工作男性每天需要大约2400千卡(1千卡=4.186千焦)的热量,其中糖类占其中的55%~60%,也就是1320~1440千卡,其他的营养素可以由蛋白质和脂类提供。因为人体在日常活动中需要消耗大量的能量,这些消耗包括基础代谢、体力活动、生长发育以及食物热效应等。

在这个过程中需要注意,蛋白质和脂类所提供的能量可以被人机体所利用,但却不能被大脑所用,能够为大脑提供能量的只有碳水化合物——糖类。因为糖类是唯一的一种可以透过血脑屏障的功能营养素,糖类是多糖(淀粉、蔗糖、麦芽糖、乳糖和葡萄糖的总称)。其中葡萄糖是大脑的直接能源,是大脑完成学习、考试等一切任务的基础。如果摄入体内的糖类比例缺失,那势必会导致供给大脑的糖类不足,会严重影响大脑的正常工作,时间长了则会导致大脑长期供能不足,从而出现反应迟钝、大脑萎缩、记忆力减退甚至将来发展成老年痴呆等。

但大脑又不给葡萄糖提供燃料储存仓库,即葡萄糖不能像在躯体中那样以"糖原"(人体内糖的一种储存形式)的形式储存(每克脑组织中糖原的含量仅0.7~1.5微克)。所以大脑就像一个爱吃糖的小孩,只能不断地从流经大脑的血液中摄取糖,这是因为过多过少的糖都会影响糖的功能，例如葡萄糖摄入过量会损害记忆，而且会导致肥胖。

因此，我们必须确立糖类在膳食结构中的"主食"地位，富含糖类的食物有很多，但糖的摄入并不是越多越好。低升糖指数的食物，则会让血糖上升较为稳定，使大脑保持良好的工作状态，并且能让人的注意力长时间集中。而高升糖指数的食物，会让血糖快速升高。因此，食用低升糖指数的食物是大脑血糖平稳的关键，也是大脑保持良好状态的关键。

所谓的升糖指数（Glycemic Index，GI）只是一个相对的数字，当食入含有50克含糖食物使血糖上升的速度，比对含等量糖类的标准食物对血糖效应的比例值。简言之，升糖指数GI值就是特定碳水化合物对血糖的影响，GI值愈高表示升糖指数愈高，GI值愈低表示升糖指数愈低。一般将GI值低于55称为低升糖指数的食物，GI值介于55～70的食物称为中等升糖指数的食物，GI值高于70称为高升糖指数的食物。

属于低升糖指数的食物有：海带、菠菜、大豆、番茄、牛奶、鱼肉、鸡蛋等。属于高升糖指数的食物有：南瓜、西瓜、菠萝、膨化食品、蜂蜜、白糖、馒头、白米饭、面条（纯小麦面粉）等。属于中升糖指数的食物有：红薯、葡萄干、猕猴桃、橙汁、蔗糖、羊肉、猪肉等。

下页表中列举了常见的低升糖指数食物、中升糖指数食物和高升糖指数食物，供大家日常饮食参考。

常见食物升糖指数概况

	低升糖指数食物（GI值0~45）	中升糖指数食物（GI值46~70）	高升糖指数食物（GI值>70）
主食五谷类		红米饭、糙米饭、西米、乌冬面、面包、麦片	白饭、馒头、油条、糯米饭、白面包、燕麦片、拉面、炒饭、爆米花
水果类		菠萝、香蕉、杧果、哈密瓜	西瓜、荔枝、龙眼、凤梨、枣
蔬菜类	大白菜、黄瓜、芹菜、茄子、青椒、海带、金针菇、香菇、菠菜、番茄、豆芽、芦笋、花椰菜、洋葱、生菜	番薯、芋头、莲藕、牛蒡	红薯、南瓜
豆类	黄豆、眉豆、鸡心豆、豆腐、豆角、绿豆、扁豆、四季豆		
肉蛋类	鱼肉、虾子、蟹、鸡蛋	鸡肉、鸭肉、猪肉、羊肉、牛肉	

	低升糖指数食物 （GI值0～45）	中升糖指数食物 （GI值46～70）	高升糖指数食物 （GI值>70）
奶类饮料类	酸奶、牛奶、奶油、番茄汁、咖啡、苹果汁	可乐、橙汁、冰激凌	炼乳、蜂蜜
糖类	木糖醇、麦芽糖醇	乳糖、巧克力	白糖、葡萄糖、砂糖、麦芽糖
零食类			土豆泥、薯条、膨化食品、米饼

蛋白质是大脑神经细胞的"建筑材料"

蛋白质占脑干重的30%～35%，是脑细胞的主要成分之一。蛋白质中氨基酸只能被脑使用3小时便需更新（身体其他组织中的蛋白质需80天才更新）。脑在新陈代谢中需要大量蛋白质更新自己。所以足量蛋白质能增加大脑皮质的兴奋和抑制作用，促进智力发育。

特别是婴幼儿时期，大脑发育迅速（大脑神经细胞在胎龄10～18周开始增殖，25周至出生后6个月是激增期，以后增殖速度减慢,而以细胞体积增加为主),需要更多优质蛋白质。如果这时期蛋白质供应不足,脑细胞的数量、大小、分枝的丰富程度等都会受到影响。这种影响甚至会是终生的。相反,如果直至出生后18个月的孩子都能保持合理营养,即使往后经历一段时间的营养不良,一旦有了良好的饮食,大脑细胞仍有可能恢复到正常状态。

虽然蛋白质是脑神经细胞的重要组成成分之一,但如果食用过量的蛋白质也不好。尤其是动物蛋白摄入过多,可造成肥胖,加重肾脏负荷,易出现骨质疏松、肾结石等疾病。

因此,蛋白质的需要量,因个人年龄、体重、健康状态等各种因素也会有所不同。年龄越小或身材越高大的人,需要蛋白质的量越多。

以下数字是不同年龄的人所需蛋白质的指数。

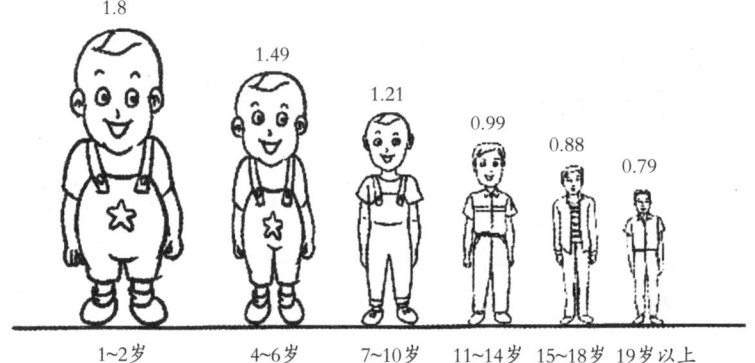

不同年龄的人所需蛋白质的指数

其计算方法为：

先找出自己的年龄段指数；再用此指数乘以自己体重（千克）；所得的答案就是你一天所需要的蛋白质克数。

体重（千克）× 指数 = 所需蛋白质的重量（克）

例如：体重 50 千克，年龄 33 岁，其指数是 0.79。

按公式计算 0.79 × 50=39.5 克。这就是一天所需要的蛋白质的量。

平均一天之中蛋白质的需要量最少约是 45 克，也就是一餐大约 15 克。注意，早餐必须摄取充分的蛋白质。

一些特殊人群，如孕妇和哺乳期妇女、生长发育期的少年儿童、工作压力大的都市白领、经常熬夜的工作者、高血压患者、年长的老年人、手术后康复者等。蛋白质的需要量会增加，可酌情增加食物中蛋白质的摄入。如酌量多吃些肉类、多喝一杯牛奶，就可获得充分的蛋白质。

大脑吃健康的脂肪

如果去掉大脑中的水分，脂肪占余下成分的 60%。为了保证大脑正常运转，我们需要不断地补充大脑消耗的脂肪。一定量的脂肪不但具有保护内脏器官、滋润皮肤和防震的作用，对大脑营养及精神健康也是举足轻重。补充适量的脂肪不仅能帮助你远离一些由于脑部脂肪酸匮乏所引发的脑部疾病，如注意力缺陷障碍、

> **健脑导航**
>
> ● 大脑要吃脂肪，计算好量最放心
>
> 　　你需要摄入多少脂肪？科学表明，通过膳食脂肪提供给人体的热量最好不超过每日摄入总热量的20％～25％。也就是说，每个人应该摄入的脂肪是和他的一天总摄入的热量有关。如果一个人每天应摄入2000千卡热量，我们又知道每克脂肪产热是9千卡，那么这个人一天应摄入的脂肪是2000×25％÷9＝55克。实际上正常人一般应摄入的脂肪在50～80克。婴幼儿和儿童摄入脂肪的比例高于成年人，6个月婴儿脂肪产热量占45％，6～12个月婴儿脂肪产热量占40％，1～17岁儿童及青少年占25～30％，成年人脂肪产热量占20％～25％。在一般热量摄入情况下，一天除去摄入的动、植物食品中所含脂肪外，摄入25克左右脂肪为宜。

抑郁症、疲惫、记忆力障碍、诵读困难症、精神分裂症及早老性痴呆症，而且还可以提高你的智力。

　　缺乏必需脂肪人群普遍存在学习迟钝的现象，一项对8岁儿童进行的IQ测试研究表明，母乳喂养的孩子比奶粉喂养的孩子更聪明，而这种差异的原因在于母乳中含有更丰富的必需脂肪酸。

　　因此，脂肪并不是很多人认为的赘肉和不健康的物质，相反，它对人体有正面作用——一些好脂肪是人体必不可少的。脂肪酸不但可以增进智力、平衡心态，还可以降低患许多疾病的风险，如癌症、心脏病、过敏、关节炎、湿疹以及伤口感染等。在此，我们要了解什么样的脂肪才是优质脂肪，能够更好地给大脑补充

※测一测，你是否缺乏脂肪

很多时候，我们谈脂肪色变，生怕脂肪长在不该长的地方，所以往往对一些食物敬而远之。如果你极度憎恶脂肪，那么你就主动抛弃了重要的、维持健康的营养成分。反之，如果你摄入太多难以分解的脂肪——无论是来自奶制品或肉类中的饱和脂肪酸，还是来自油炸食物、过度加工的食物或人造黄油中的受损脂肪，你的健康都会受到损害。

因此，你必须改变原来的脂肪摄入方式，科学摄入富含脂肪的食物或补充必需脂肪酸，否则你就无法达到最佳的身心健康状态。对照下面的问卷检查一下自己的饮食，每一个得到肯定回答的问题算1分。

序号	必需脂肪酸检查
1	（　）你的指甲是否易裂，或者过于柔软
2	（　）你的头发是否很干燥，不易梳理或有很多头皮屑
3	（　）你的皮肤是否干燥、粗糙，易患湿疹
4	（　）你是否经常感到口渴
5	（　）你是否经常感到眼部不适，如干燥，爱流泪，甚至发痒
6	（　）你是否患有关节炎等炎症问题
7	（　）你是否患有高血压或高血脂
8	（　）你在学习上是否有困难
9	（　）你是否觉得记忆力差或注意力涣散
10	（　）你是否有经期综合征或乳房胀痛现象
11	（　）你的协调性是否不好或者视力受到损害

如果你有4个以上的问题都做出了肯定回答，那么你很有可能缺乏必需脂肪酸。检查一下你的饮食是否含有足够的种子食物、种子油以及鱼类。当然，要想知道你身体的脂肪状况，最准确的方式还是去医院做一个血液检查，该检查可以详细地列出你所缺乏的脂肪种类。

营养。

（1）不饱和的脂肪酸。大脑和神经系统大约50%由脂质组成。这些脂质为神经细胞膜的组成部分，并且像一层保护外衣那样包围着细胞。脂质的基本组成部分是脂肪酸。大脑中2/3的脂肪酸是不饱和脂肪酸。它们都"必须从食物中摄取"（不能在体内自己合成）。在不饱和脂肪酸中亚油酸和亚麻酸特别重要，冷榨的植物油如橄榄油、葵花子油和小麦胚芽油都可保证供给我们不饱和的脂肪酸。

（2）磷脂。卵磷脂滋补神经是医学界公认的事实。卵磷脂是磷脂中最为常见的物质，磷脂乃是脂肪和磷的化合物。事实上，所谓磷脂的成分在我们大脑物质中含量特别高，大约占5%。卵磷脂主要存在于保持天然现状的植物油中，如大豆油和小麦胚芽油，还有在于蛋和豆荚中，同时也是胆碱的重要食物来源。

（3）胆固醇。胆固醇也是细胞膜的基本成分，其含量约占细胞膜中全部脂类的20%以上。有研究者发现，给动物喂食缺乏胆固醇的食物后，这些动物的红细胞脆性增加，容易出现红细胞的破裂而引起出血。要是没有胆固醇，细胞膜正常的生理功能就无法维持，严重了也会危及生命。所以说，在脑神经细胞这座小房子里，胆固醇是钢筋骨架中不可或缺的黏合剂。

由此可知，坚持摄入适量的对大脑健康有利的脂肪，也可能增进大脑的健康程度。科学研究表明，人在每一天所摄入的脂肪数量和种类对他的思考和感觉有着深远的影响。大脑和神经系统

婴儿期：刚出生的宝宝的大脑就像一张白纸，在各种外界信息的刺激下，脑细胞数量呈几何级增长。由于DHA是神经传导细胞的主要成分，也是细胞膜形成的主要成分，γ-亚麻酸是婴儿大脑发育必需的脂肪酸，因此不饱和脂肪酸与我们大脑细胞数目的多少有关。

童年期：孩子到了两岁以后，脑重量的增长速度虽然减缓，但脑内某些神经细胞，如小型的中间神经元，正是儿童在这个时期发育成熟的。而神经细胞轴突与树突的发育，则可以在脑和脊髓内建立更为密集的网状组织。轴突与树突的发育同样与不饱和脂肪酸有密切关系。

青春期：孩子到12岁左右，他的脑重量已基本与成人相同，但大脑的神经活动依然离不开神经细胞突触接头处的信息传递，这就需要DHA来保持此处细胞膜流动性。另外我们的大脑时时刻刻离不开记忆，而记忆的储存需要新的神经突触形成，这也需要不饱和脂肪酸的参与。

成年期：人体会因为各种原因不断产生生物垃圾，这时候就需要DHA充当神经细胞的卫士，来抑制损害和破坏我们神经细胞的各种炎性因子。

老年期：现在研究已经证实，老年阶段神经细胞仍可能在不断地生长和扩展，因此这个阶段仍需要不饱和脂肪酸的帮助。

几乎完全依赖种类丰富的脂肪家族。

因此，纵贯一生，你吃进去的脂肪无时无刻不在影响着你的大脑。任何年龄都需要吃好脂肪强健大脑。

矿物质，大脑离不了

在人体的新陈代谢过程中，每天都有一定数量的矿物质通过粪便、尿液、汗液等途径排出体外，因此必须通过饮食予以补充。

脑组织中存在着50多种矿物质元素，其中钙、铁、锌、铜、锰、碘、硒、镁8种元素对大脑有重要作用，它们在脑中含量的变化，会影响脑的功能。所以矿物质在脑功能活动的作用不容忽视。矿物质的功效很多，不同的矿物质能带给大脑不同的呵护。

1. 钙——大脑神经细胞信息传递的"快递员"

钙是促使脑力工作持久的重要物质，体内钙质充足，可保持头脑冷静，抑制兴奋，提高判断能力，易于消除疲劳，从而使大脑情绪稳定，注意力集中，高效工作。相反若大脑缺钙，会造成情绪不稳定，容易因生活小事上的刺激，使大脑疲劳。缺钙严重者，会使骨钙溶出增加，引起脑细胞及其末梢神经上的钙沉着，破坏干扰脑功能，引起痴呆。

中国营养学会推荐的钙每日供给量为：婴幼儿400～600毫克，儿童600～1000毫克，青少年1000～1200毫克，大多数成人800毫克，孕妇1000毫克，哺乳期妇女1500毫克。（如下页表）

我国提出的钙的日推荐量

年龄段	婴幼儿	儿童	青少年	成人		
				大多数人	妊娠期	哺乳期
钙的推荐量（毫克）	400～600	600～1000	1000～1200	800	1000	1500

日常饮食中，牛奶及豆制品等都是含钙丰富的食物。

2. 铁——保证大脑供血、供氧充足

铁是组成血红蛋白的重要成分，维持正常造血功能，负责我们体内的氧输送，大部分氧为我们的大脑所需。因此缺铁会影响大脑功能。如儿童缺铁会表现烦躁、呆滞、智力低下、注意力难以集中、行为无目的，成人缺铁也会变得情绪淡漠。

铁虽然对人体起着至关重要的作用，但若摄入过量的铁会增加生成脑细胞中及脑微脉管中的自由基，这些自由基会毁坏脑细胞的构成，从而导致中风的发生。

中国营养学会建议：10岁以下的儿童每日铁供给量为10毫克，10～12岁青少年为12毫克，13～17岁的男性15毫克、女性20毫克，成年女性为18毫克，成年男性为12毫克（从事繁重体力劳动者28毫克），中老年人12毫克，孕妇及哺乳期妇女为

28毫克。（如下表）

中国营养学会推荐人体每日所需铁供给量

年龄段	10岁以下	10~12岁	13~17岁 男	13~17岁 女	成年人 男	成年人 女	男体力劳动者	孕妇及哺乳期妇女	中老年人
铁的供给量（毫克）	10	12	15	20	12	18	28	28	12

常见食物中，动物肝脏、黑木耳、松蘑、鸡蛋黄、血豆腐、樱桃、菠菜等含铁丰富。

3.锌——大脑思维的"火花"

锌是体内含量仅次于铁的微量元素，可增强人体免疫功能，推迟细胞衰老。

锌有助于维护长期记忆，是成为智力较好或学习成绩优秀的儿童的物质基础。智力较好的儿童的头发中锌的含量比普通儿童高，这已在检验中得到证实，故锌被人们称为"大脑思维的火花"或"智多锌"。

孩子缺锌会导致智力发育迟缓、学习能力下降、表情淡漠、反应迟钝以及嗜睡等问题。锌还是人体细胞成长的关键物质，对脑细胞来说尤其如此。如果缺锌，孩子的发育就会受到阻碍，导致骨骼和大脑皮层发育不完全。

锌虽对大脑有益，但若摄入过量的锌会诱发人体的铜缺乏，导致脂质代谢紊乱及免疫功能下降等问题，还会引起锌中毒，出现恶心呕吐、头痛、腹泻、抽搐、贫血，甚至还会出现口唇发麻、神智昏蒙等症状。

中国营养学会按锌的利用率为20%提出并推荐每日供给量如下表所示。

中国营养学会推荐人体每日所需锌供给量

年龄段	0~0.5岁	0.5~1岁	1~9岁	10岁以上		
				绝大多数人	孕妇	哺乳期妇女
锌的供给（毫克）	3	5	10	15	20	20

常见的食物中，口蘑、香菇、牡蛎、扇贝、生蚝、羊肚菌、墨鱼、鱿鱼等含锌量较为丰富。

4. 铜——大脑神经系统的"守护神"

当今社会，正当"补钙""补铁""补锌""补碘"等概念逐渐被人们所接受的时候，"补铜"的概念也正悄悄浮出水面。

除了肝以外，大脑是人体内铜含量最多的器官，铜能减少自由基对神经细胞的侵害、维护多巴胺和

日常多摄入含铜丰富的食物可以为大脑及时补充铜元素。

去甲肾上腺素两种神经递质的正常功能，因而对维护神经系统有重要作用。缺铜会导致贫血、骨质疏松、皮肤和毛发的脱色素、肌张力的减退和精神运动性障碍。

铜虽然对于大脑来说不可或缺，但若摄入过多，也会出现不良反应，表现为头疼、眩晕、疼痛、腹泻、恶心、呕吐等症状。

那么，人究竟每日摄入多少铜才能维持机体的平衡呢？美国的卫生组织提出了一个标准（见下表），大家可以参考使用。

美国的卫生组织推荐人体每日所需铜供给量

	0~0.5	0.5~1	1~3	4~6	7~20	11岁以上
年龄段（岁）						
铜的摄入标准（毫克）	0.5~0.7	0.7~1.0	1.0~1.5	1.5~2.0	2.0~2.5	2.0~3.0

人体缺铜，可进食适量含铜量较高的食物，如燕麦片、小麦

胚芽、果仁、豆类、鲜肉、动物肝脏、蟹肉、虾等。

5. 锰——维持大脑功能正常的"辛勤园丁"

锰是人体的必需微量元素之一，可促进骨骼的生长发育，保持正常的脑功能，维持正常的糖代谢和脂肪代谢，改善机体的造血功能。人体缺锰可引起神经衰弱综合征，影响智力发育，还将导致胰岛素合成和分泌水平的降低，影响糖代谢。

核桃含丰富的锰元素，常吃核桃可以补充锰元素，但不宜过量，以每天两颗为宜。

锰虽然在人体大脑中有着不可替代的重要作用，但若摄入过多的锰也会对神经系统产生毒害作用，主要表现为疲倦乏力、头昏头痛、记忆力减退、肌肉疼痛、情绪上不稳定、抑郁或激动。随着病情的发展又逐渐出现下肢有沉重感，走路晃动，语言不清或口吃等症状。

那么，人究竟每日摄入多少锰才能维持机体的平衡？世界卫生组织1973年推荐成人每日摄入锰量为2.0～3.0毫克；我国暂定标准为每日5～10毫克；美国为2～9毫克。

人体缺锰，可进食适量含锰量较高的食物，如茶叶、榛子、松子、肉桂、莲子、黑木耳、地衣、核桃等。

6. 碘——预防智力缺陷的元素

碘和维生素、蛋白质等一样，是人体必不可少的营养素，因为碘与脑发育密切相关，决定智力的基础，因此又称之为"智力元素"。在怀孕期间若缺碘，婴儿无法正常发育；情况严重时，可能会生出低能儿。老年人严重缺乏碘时，会导致黏液水肿。

但要注意：摄入过量的碘会扰乱甲状腺的正常功能，既可以导致甲状腺功能亢进，也可以导致甲状腺功能减退，如孕妇暴露于高碘环境可能导致新生儿甲状腺肿和甲状腺机能减退。

海带是碘的优质来源，经常食用海带可以补充多种矿物质。

要摄取适量的碘，以维持身体的健康，使用加碘的盐似乎是最好的补碘方式。我国食盐普遍加碘，一般来说，成人每人每天的碘需求量约为150微克，按照我国食盐加碘的标准量来推算，成人每人每天摄入加碘食盐6～8克便能满足日常需求。加上日常食物尤其是海带等富含碘的海产品的进食，我国成人的碘摄入量是有保证的。

由于孕前和孕早期对碘的需要量相对较多，除摄入碘盐外，还建议至少每周摄入一次富含碘的海产食品，如海带、紫菜、鱼、虾等。

7. 硒——大脑的"天然解毒剂"

硒是强抗氧化剂，它能及时清除体内的有害自由基，防止大脑衰老。硒缺乏会使一些"神经递质"的代谢速率改变，同时体内产生的大量自由基也无法得到及时清除，从而影响人体的脑部功能，而增加硒不但会减少儿童难以治愈的癫痫的发生，也可以有效地减轻焦虑、抑郁和疲倦。

硒虽然对大脑有益，但若摄食过量也会发生中毒，导致精神萎靡不振，精子活力下降，易患感冒。严重时可引起惊厥、呼吸衰竭、肝脏损害等。

中国营养学会制定硒的日供应量1岁以内为15微克，1~3岁为20微克，4~6岁为40微克，5岁至成年人为50微克。

人体缺硒，可进食适量含硒量较高的食物，如蘑菇、鸡蛋、大蒜、富硒大米、富硒小麦、海鲜、银杏等。正常人群，一般只需要保持饮食均衡就可以摄取充足的硒。

8. 大脑情绪的"润滑油"——镁

镁可使肌肉活动自由并可增强血液循环，使神经得到镇静。如果缺乏抗紧张的镁，神经外鞘就会受损害，结果会造成神经过度过敏、烦躁不安。镁缺乏的症状表现为疲劳不堪、筋疲力尽和肌肉颤抖。酗酒会妨碍人体对镁的吸收。

镁虽然在大脑中有着不可替代的重要作用，但若摄入过多的镁也会对神经系统产生毒害作用，表现为全身肌张力减退、呼吸困难、复视、语言不清等，严重者可出现呼吸肌麻痹、呼吸心脏骤停。

中国营养学会推荐人体每日所需镁供给量分别为：2~3岁儿童为150毫克，3~6岁为200毫克。成年男性为350毫克，成年女性约为 300 毫克，孕妇以及哺乳期女性约为 450 毫克，人体可耐受最高摄入量定为 700 毫克/天。

在我们常吃的食物中，鱼、全谷制品、燕麦片、小麦胚芽、豆荚、菠菜、甜玉米、香蕉、木瓜、樱桃、奇异果等含镁元素较为丰富。

大脑健康取决于自由基与抗氧化剂之间的平衡

在我们这个由原子组成的自然界中，有一个特别的法则就是，只要有两个以上的原子组合在一起，它的外围电子就一定要配对，如果不配对，它们就要去寻找另一个电子，使自己变成稳定的电子对。科学家们把这种有着不成对的电子的原子或分子叫作自由基。这就好比我们人类在单身时总觉得躁动不安，只有找到配偶后才能安安稳稳地生活。

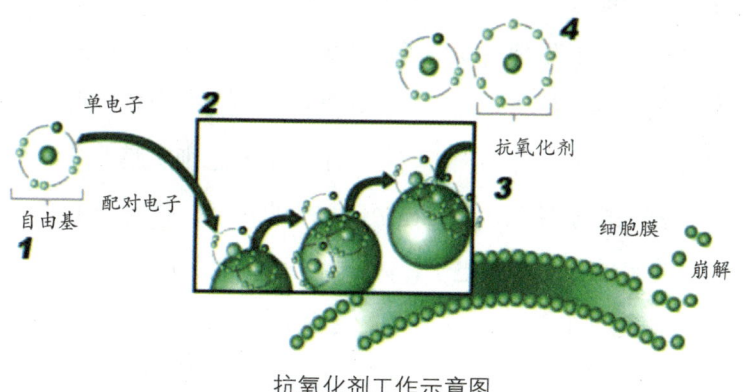

抗氧化剂工作示意图

自由基天性活泼好斗，在体内横冲乱撞，它要捣毁的第一个目标就是大脑。一方面因为大脑是一个功能活跃的器官，它从不停止工作。脑细胞要求连续的氧气和血液供应，这就增加了自由基的产量。另一方面大脑含有60%的脂肪，使得它更容易发生脂质过氧化。

一般情况下，生命是离不开自由基活动的。我们身体每时每刻都在发生大量的氧化反应，每一瞬间都在产生和消耗能量，而负责传递能量的搬运工就是自由基。当这些帮助能量转换的自由基被封闭在细胞里不能乱跑乱窜时，它们对生命是无害的。但如果自由基的活动失去控制，就会损坏人体正常细胞和组织，从而引起心脏病、肿瘤、帕金森病和老年痴呆症等多种疾病。这种危险的物质相当于人体的核废料，必须清除。

自由基在所有的氧化燃烧过程中都可以产生，香烟的烟雾中，厨房的油烟中，汽车的尾气中，污染的空气中，空气和水的有毒化学物质中都可见到自由基的身影。

体内正常的生理活动也可以产生自由基，使自由基失去活性的化学物质称为抗氧化剂。抗氧化剂可以捕获并中和自由基，从而祛除自由基对人体的损害。如当维生素E把细胞膜上产生的过氧自由基的电子接收，让自己暂时成为自由基。这时维生素E会有维生素C来给它提供电子，让维生素E恢复其抗氧化能力。

抗氧化剂的量与自由基的量之间的平衡，可以毫不夸张地被视为生与死的平衡。这就是说，恶魔自由基劫持了警察抗氧化

※ 测一测 你体内自由基是否处于平衡状态

身体的生理过程就是自由基的产生和清除的过程，这种产生和清除应处于平衡状态，失去平衡就会产生疾病和衰老。

以下的测试分析，可以帮助你知道自己的情况。你可以根据表里的选项认真作答，每答一个否不得分，每答一个"是"，加1分。作答完毕后，算出总分，参照我们的分析，你就能大致知道自己身体的抗氧化能力了。

症状分析：

问题	否（0分）	是（1分）
是否经常咳嗽、感冒		
每次感冒是否持续时间较长		
皮肤是否出现青紫瘀斑		
是否患有下列疾病：早老性痴呆、癌症、心血管疾病、高血压、糖尿病、视网膜功能退化、不育、麻疹、精神疾病、呼吸道感染		
你的体重指数是否超标		
皮肤是否长痤疮、干燥或皱纹较多		
皮肤破损后是否很难愈合		
是否经常感染，如膀胱炎、鹅口疮、耳痛等		
运动后是否觉得疲乏无力		
父母是否患有两种及以上下列疾病：早老性痴呆、癌症、心血管疾病、高血压、糖尿病、视网膜功能退化、不育、麻疹、精神疾病、呼吸道感染、牙周（牙齿）疾病、类风湿性关节炎		
得分		

生活方式分析：

问题	否（0分）	是（1分）
是否怀疑自己属于亚健康人群		
是否有过度运动的情况，且运动后有一种筋疲力尽的感觉		
是否经常在强烈的阳光下暴晒		
每天走在外面的时间是否大于2小时		
居住地空气是否存在污染，或住所靠近车多的马路		
目前在吸烟吗？如果吸烟，你的烟龄是否大于5年，且目前仍在吸烟		
如果吸烟，每天吸烟量是否多于10支		
是否整天处在烟雾缭绕的环境中		
如果有饮酒习惯，是否每天都饮酒		
得分		

饮食分析：

问题	否（0分）	是（1分）
是否经常有吃油炸食品的习惯		
每天吃的水果少于两种		
是否爱吃熏制或烤制的食品或烤干酪		
每天是否吃少于一份的蔬菜或水果		
是否不经常吃坚果、种子类的食物		
每天补充维生素C是否达不到500毫克		
每天摄入的维生素E是否不超过100国际单位		
每天补充维生素A或β-胡萝卜素是否不超过10,000国际单位		
得分		

【评定方法】

0～10分：理想分数表明你很健康，饮食和生活方式与高抗氧化保护水平一致。请继续保持健康的生活方式。

1～15分：正常分数你可以将"是"项改善为"否"，从而提高抗氧化能力。

16～20分：低分表示有很大改进余地。建议咨询营养师，拟定一份更健康的食谱，并在生活方式上做一些调整，以增强抗氧化保护能力。

20分以上：极差分数，表明你有迅速衰老的危险，需要请营养师为你做抗氧化能力的血液测试。你必须改变饮食和生活方式，增强抗氧化物质的摄入，以改变或延缓衰老进程。

剂，它开始猛击你神经细胞的细胞膜、细胞核、DNA、蛋白质，使细胞功能下降，使细胞变性和萎缩，严重时会使细胞死亡。因此保持机体和大脑有足够的抗氧化剂显得尤为重要。如果让自由基成为主导势力，大脑势必要出现麻烦。所以，只有抗氧化剂占支配地位大脑才能高枕无忧。遗憾的是，随着年龄的增长，人的机体往往产生更多的自由基，而抗氧化剂的生成却越来越少，体力和脑力被缓慢地吞噬，逐渐功能出现下降。在25岁左右，我们人体的抗氧化剂的生成就开始减少，因此需要及时了解我们的抗氧化能力，以便采取有效的措施帮助我们的大脑对抗肆虐的自由基。

我们日常所吃的许多食品都具有很好的抗氧化能力。水果和蔬菜含有丰富的抗氧化剂。水果和蔬菜所含的抗氧化剂主要包括以下几类：

(1) 维生素类：如维生素 C、维生素 E。

(2) 胡萝卜素：如 β-胡萝卜素、α-胡萝卜素、番茄红素。

(3) 类黄酮类：如花青素。

(4) 多酚类物质：如茶多酚。

(5) 矿物质：如硒。

根据 ORAC 值（即用氧自由基吸收容量，ORAC 数值表示特定食物中和自由基的总能力。ORAC 数值越高，表示该物质的综合抗氧化能力越强。）选择抗氧化能力较强的水果和蔬菜，常见的有梅脯、葡萄干、乌饭树果、黑莓、大蒜、甘蓝、越橘、草莓、菠菜。因此，为了大脑的健康，在水果和蔬菜中，要尽可能多吃甘蓝、草莓、菠菜等。

菠菜和草莓包含的抗氧化剂种类丰富多样，不同种类的抗氧化剂之间相互作用产生协同效应，具有强大的抗氧化能力，因而能对大脑神经细胞有很好的保护作用，能延缓大脑的衰老。因此，菠菜和草莓是大脑对抗自由基的好帮手。

越吃越聪明，这些补脑食物应该多吃

现在广告中有不少健脑、补脑食品的宣传，尤其是中考、高考前夕；"××健脑液""××脑黄金"的保健品广告便铺天盖地，着实诱人。其实，在很多普通食物中也有不少对脑有好处的成分，比如大豆、金枪鱼等食物。

大豆食品：人体脑黄金

大豆是我们最常吃的一种食物，含有丰富的人体必需的蛋白质和在体内不能合成的8种必需氨基酸，并且大豆中的蛋白质和氨基酸的比例非常适合人体需求。虽然普通，可营养价值却是非常高的，不仅利于我们补脑，而且经常吃还可以预防老年痴呆。

日本在明治维新以后迅速崛起，在发达国家中也堪称奇迹。据说奇迹发生的秘密就在大豆里面。

在过去，日本人把这些大豆发酵食品当成家常便饭，每天都吃。早晨是纳豆和味噌汤，中午也是味噌汤，晚上还是味噌汤。做菜的时候绝对少不了酱油。这样的饮食激活了日本人的大脑，成为催生各种最尖端技术的原动力。

当然，有人可能不会做味噌汤，也不爱吃味噌汤，平时做菜也不爱放酱油，那么我们可以喝豆浆。牛奶所含的矿物质主要是钙，而豆浆里面富含钙、镁、铁、锌等多种矿物质，并且比例均衡。豆浆还富含维持大脑功能不可缺少的B族维生素，所以还能让你的大

喝豆浆时最好不要加糖或蜂蜜。如纯豆浆不合口味，可以用豆浆煮粥。

脑焕发生机。

近来,很多咖啡馆也为客人准备了豆奶咖啡,希望大家去咖啡馆的时候点一杯豆奶咖啡。那样的话,你去一次咖啡馆,就等于给你的大脑充了一次电。

另外豆腐、腐竹、豆腐脑等大豆制品也都是很好的健脑食品。

金枪鱼:帮助女性调整大脑和身体

一般来说,经期会给女性的身心带来很大的负担。快来月经的时候,女性身体会出现各种各样的症状,如"心烦意乱""坐立不安""精神不能集中""心里感到不安""头痛""容易疲劳"等,甚至有人很想到商场里去偷东西。这证明月经带来的激素失衡诱发了大脑功能的紊乱。

女性这种从排卵期到月经来临期间出现的各种各样的异样症状称为"经前综合征"。

身边有女性朋友经期不适时,除了安慰她们"多喝热水",真的爱莫能助吗?其实,吃对食物也能对痛经、情绪不稳有缓解作用。对这种身心变化有显著效果的是维生素 B_6 和维生素 B_{12}。维生素 B_{12} 被称为"造血维生素",具有改善经期贫血状态的作用。如果贫血状态得以改善,血液循环变好了,大脑的工作也会彻

金枪鱼生活在无污染的深海,低脂肪、低热量、高蛋白质,不但可以保持苗条的身材,而且可以平衡身体所需要的营养。

底改观。另外，维生素 B_{12} 可以在神经细胞内的表面进行脂质合成，所以能够修正和缓解经期出现的大脑紊乱和疲劳。也就是说，维生素 B_6 和维生素 B_{12} 是身体纤弱的女性最可靠的朋友和最坚强的后盾。

那么，要想补充维生素 B_6 和维生素 B_{12}，应该吃什么东西才好呢？维生素 B_6 和维生素 B_{12} 还有一个别名叫作"红色维生素"，也就是说，红色食品富含这两种维生素。红色食品中尤其值得注目的是金枪鱼和红肉。

如果女性朋友感觉经期快到了，或者感觉精神状态开始有点不安定了，你就去寿司店大吃特吃金枪鱼吧。

纳豆的神奇魔力

大家都说爱因斯坦智商高，其实据传历史上智商最高的人是歌德，据说他的智商达到了185，而爱因斯坦的智商只有173。

但是，在美国出现了一个令人不可思议的天才少年，他的名字叫迈克尔·卡尼。这个神童16岁大学毕业，毕业后成立了自己的企业。据说他的智商竟然高达250。不用说，他是地球上最聪明的人。

迈克尔的母亲是日本人，据说他妈妈从他小时候就让他吃一种东西。这种东西就是纳豆。虽然我们很难想象美国人吃纳豆，但媒体以"纳豆激活了迈克尔的大脑"为题报道了这位天才少年的事迹之后，纳豆在美国一时间大受好评。

纳豆的原料是大豆，大豆里面含有一种叫卵磷脂的东西，正是这种卵磷脂对大脑有益。但是，富含卵磷脂的不光是大豆，鸡蛋里面也含有丰富的卵磷脂，可为什么纳豆却有不一样的功效呢？

其秘密就在于发酵大豆时所使用的纳豆活化酶这种物质里面，这种纳豆活化酶可以使卵磷脂变得更容易被人体吸收。还有，因为纳豆活化酶本身也有净化血液的作用，所以长期食用纳豆可促进身体健康，大脑的工作也会变得活跃起来。

在过去，说起纳豆只有一种吃法，那就是浇上点酱油盖在米饭上吃。但最近纳豆食品的品种越来越丰富了，甚至还有纳豆咖喱饭、纳豆炒饭和纳豆三明治。如果品种如此丰富的话，我们可以每天吃纳豆，而且百吃不厌。那样一来，即便赶不上迈克尔，我们也可以把上天赋予我们的脑力充分发挥出来。

多喝水，吃淡食

大脑 75% 以上由水组成，大脑所获取的所有信息都是通过脑细胞以电流的形式进行传送的，而水则是电流传送的主要媒介。在工作之前，先饮一至两杯清水，有助于大脑运作。

但一些人喜欢在办公室喝茶或咖啡，脑科学专家则认为，不如多喝一些水。因为咖啡加上精制糖，进入人体会消耗肾上腺素，加速疲倦。工作六七个小时后疲惫不堪的最大原因是体内水分丧失，因此，喝一大杯水能恢复人体活力，喝果汁也有帮助，因为果汁中的果糖还能够稳定血糖。

脑科学专家总结出以下餐前喝水的六大好处：

(1)提高免疫力。可以提高免疫系统的活力,对抗细菌侵犯。

(2)提高注意力。能帮助大脑保持活力,把新信息牢牢存到记忆中去。

(3)抗失眠。水是制造天然睡眠调节剂的必需品。

(4)抗抑郁。能刺激神经生成抗击抑郁的物质。

(5)预防疾病。能预防心脏和脑部血管堵塞。

大脑75%以上由水组成,大脑所获取的所有信息都是通过脑细胞以电流的形式进行传送的,而水则是电流传送的主要媒介。

(6)抗癌。使造血系统运转正常,有助于预防多种癌症。

下面推荐了一个"喝水程表",提供给你以做参考。

6:30——经过一整夜的睡眠,身体开始缺水,起床之际先喝250毫升的水,帮助肾脏及肝脏解毒。

8:30——清晨从起床到办公室的过程,时间总是特别紧凑,情绪也较紧张,身体无形中会出现脱水现象,所以到了办公室后,先别急着泡咖啡,喝一杯至少250毫升的水。

11:00——在冷气房里工作一段时间后,一定得趁起身动动的时候,再给自己一天里的第三杯水,补充流失的水分,有助于放松紧张的工作情绪。

12:50——用完午餐半小时后,喝一些水,可以加强身体的

起床后先刷牙后喝水

早晨起床后,先喝一杯白开水已经成了大多数人都认可的常识,人们觉得这样既清肠,又能将唾液中的消化酶带进肠胃,吃东西时,可以更充分地分解食物。但实际上,不少人都忽视了一点,那就是喝水前最好先刷牙。

不可否认,早晨起来喝白开水是一种健康的生活习惯,但是,喝水之前,我们要做的第一件事应该是刷牙。因为夜晚睡觉时,牙齿上容易残存一些食物残渣或污垢,它们与唾液的钙盐结合、沉积,就容易形成菌斑及牙石。如果直接喝水,会把这些细菌和污物带入人体。

不过,有些人可能会说,如果先刷牙,就会把唾液里的消化酶刷走,岂不可惜?

其实,唾液里的消化酶只有在吃东西的时候,才有分解消化食物的作用,不吃东西时,它处于"休息"状态。而人们在睡觉时,唾液分泌本就很少,因此产生的消化酶也很少。并且,人体的肠胃道里本身就有消化酶,唾液产生的只是很少一部分,它的消化作用微乎其微,即使在刷牙时被刷去,也不会影响人体对食物的消化。

每次刷牙后必须用清水把牙刷清洗干净并甩干,将刷头朝上置于通风干燥处。

消化功能。

15:00——以一杯健康矿泉水代替下午茶与咖啡等提神饮料,能够提神醒脑。

17:30——下班离开办公室前,再喝一杯水,增加饱足感,待会儿吃晚餐时,自然就不会暴饮暴食。

22:00——睡前1至半小时再喝上一杯水。今天已摄取2000毫升的水量了。不过别一口气喝太多，以免晚上因上洗手间而影响睡眠质量。

吃淡食是养护大脑的另一个关键。专家们研究提示，摄盐量过高可使脑卒中的发生率增加。虽然食盐与脑卒中的这种关联机制目前尚不十分明了，但减少摄盐量，不仅使血压下降，而且可减轻动脉硬化的程度，从而可以有效地降低脑卒中的发生率。淡食的标准是：青少年每天吃盐不要超过4克，成人每天吃盐不要超过6克。

我们在饮食的时候要充分考虑到大脑的需要，有意识地适应清淡口味。平日煮菜时最好使用新鲜的材料，避免食用罐头和腌制的食物如咸鱼、腊味、腌菜等。另外，配料亦要以天然为主，例如多采用蒜茸、姜、葱等，少用盐、豉油和鸡粉。某些种类的酱油、味精、咸菜和香肠、熏肠制品等加工食品都是高盐食物，也应少吃。

亚麻酸：健脑益智最管用

α-亚麻酸是维持大脑和神经机能所必需的物质，它能够促进脑内核酸、蛋白质及单胺类神经递质的合成，对于脑神经元、神经胶质细胞、神经传导突触的形成、生长、增殖、分化、成熟具有重要的作用。

但α-亚麻酸是人体健康必需却又普遍缺乏。急需补充的一种必需营养素。α-亚麻酸是构成细胞膜和生物酶的基础物质，对人体健康起决定性作用。其在大脑固体总质量中占 10%；在负责学习的海马细胞中占 25%；在脑神经及视网膜的磷脂中占 50%。每日补充 1300 毫克 α-亚麻酸，则大脑智力水平将直接提高 20%～30%。

α-亚麻酸比 DHA 等作用更强、更安全，α-亚麻酸在体内可转化为 DHA、DPA、EPA 等，而补充 DHA 等只能起到部分作用。从生物学的专业角度来说：α-亚麻酸是 DHA 的母体。α-亚麻酸的衍生物 DHA 是大脑的重要物质；它能够增进大脑神经膜、突触前后膜的通透性，使神经信息传递通路畅通，提高神经反射能

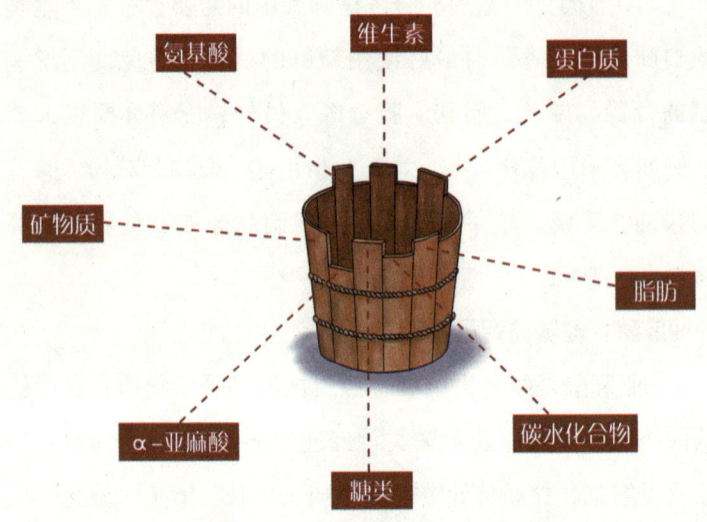

如果把这八大类营养物质比作木板，由它们共同组成一个木桶，那么对所有人而言 α-亚麻酸都将是最短的一块板，它的高度直接决定健康和营养的水平。缺乏 α-亚麻酸，维生素、矿物质、蛋白质等营养素不能被有效吸收和利用，造成营养流失。

力，进而增强人的思维能力、记忆能力、应激能力。α-亚麻酸对于提高儿童智力和防止老年人大脑衰老都是必需的。对于学生来说，大脑必须获得足够的 DHA 才能有很好的智力和记忆能力，否则即使刻苦学习，大脑细胞也得不到良好的刺激及生长发育，因此每天都必须摄入足够的 α-亚麻酸，这样才能有效地提高学习成绩。

α-亚麻酸对于孕妇与幼儿同样具有健脑作用，如果孕妇缺少 DHA，胎儿脑细胞数必然不足，严重时会引起弱智或流产。所以孕妇必须获得足够的 α-亚麻酸，才能够通过母体将其衍生物 DHA 输送到胎儿大脑，这对于胎儿大脑的初期发育具有极其重要的作用。

人体一旦缺乏 α-亚麻酸，还会引起人体脂质代谢紊乱，导致免疫力降低、健忘、疲劳、视力减退、动脉粥样硬化等症状的发生。尤其是婴幼儿、青少年，如果缺乏 α-亚麻酸，就会严重影响其智力和视力的发育。

α-亚麻酸不是药，它存在于食用油中的时候是一种食品，而制作成胶囊时却是一种保健品。在常见的食物中，α-亚麻酸的含量是极少的。只有亚麻籽、紫苏籽、火麻仁、核桃、蚕蛹、深海鱼等极少数的食物中含有丰富的 α-亚麻酸及其衍生物。富含 α-亚麻酸最理想的食品或保健品是：紫苏籽油、亚麻籽油（或称为胡麻油）、α-亚麻酸胶囊。在日常生活中食用含有 α-亚麻酸的食用调和油做菜是一个非常好的选择。

蜂王浆：纯天然的健脑佳品

蜂王浆又名蜂皇浆、蜂乳、蜂王乳，是年轻工蜂吃了花粉在体内消化吸收后，再从工蜂头部王浆腺分泌出来的珍贵浆液。蜂王浆中含有极其丰富的氨基酸、蛋白质、维生素、矿物质等生物活性物质，还含有一种特殊的不饱和脂肪酸10-羟基癸烯酸（10-HDA），具有很强的杀菌、延缓衰老的作用。

蜂王浆

蜂王浆的蛋白质含量很高，人体所需的必需氨基酸也都存在，其营养价值比蜂蜜高。蜂王浆能促进人体生长发育，还有延年益寿、改善食欲、增强人体的新陈代谢和造血的功能。

（1）健脑益智。蜂王浆中的磷质类、类固醇和有机物质，对神经系统及身体发育有促进作用。此外，磷质类可提高大脑记忆力，增强大脑活动。发育欠佳的少年、高考前的学生及老年人，服用蜂王浆是很有益处的。鲜蜂王浆中的牛磺酸（每100克含游离牛磺酸14.09毫克，总含量平均值20.8毫克）远远高于母乳（每100毫升初乳含牛磺酸5.2～6.0毫克，常乳含3.3～4.6毫克）。蜂王浆里丰富的牛磺酸，不仅有益于成年人的保健，而且对促进儿童的大脑发育有重要作用。

（2）增强人体免疫力。人体免疫力下降，是导致人体衰老和死亡的重要原因。而蜂王浆中含有的王浆酸、牛磺酸、维生素和微量元素可以提高机体免疫力。

（3）清除自由基。自由基过多可造成人体组织、血管损伤，加速人体老化。蜂王浆中含有的超氧化物歧化酶（SOD），是自由基的主要清除剂，再加上它含有丰富的维生素A、维生素C、维生素E和硒、锌、铜、锰、镁等微量元素，是天然的抗氧化剂，也有助于清除人体代谢过程中所积累的过多自由基，达到延年益寿的目的。

（4）蜂王浆可以调整人体的内分泌。药理研究发现，蜂王浆具有可兴奋性功能，并有促进肾上腺皮质激素的作用，这对保健养生都是有益的。

（5）抑制脂褐素。随着年龄的增长，人体内一些细胞中的脂褐素蓄积量逐渐增多，从而引起细胞死亡，使机体衰老。而蜂王

健脑导航

● 王浆虽好，妇孺不宜

现在很多女性更年期激素水平下降，免疫力下降，容易烦躁，因此喜欢吃一些保健品。如今市面上许多女性保健品都含有一定量的雌激素，而摄入过多的雌激素会导致乳腺增生，甚至诱发乳腺癌。

还有些家长为了给孩子提高免疫力，增加食欲，增长身高，不惜高成本购买各种保健药、补药，如花粉、蜂王浆、人参、鸡粉、牛初乳，有些保健药内含一定量激素，很快就把孩子"催熟"了，导致孩子性早熟。由于性早熟患儿多伴有骨骼提前发育、骨骺提前闭合，因而导致孩子最终身高偏低。

浆能使机体内过氧化脂质和心肌细胞脂褐素明显下降，同时它所含有的大量活性物质能激活酶系统，将脂褐素排出体外。

（6）保持营养平衡。营养平衡是维持人体健康最重要的因素之一。蜂王浆能补充人体必需的营养物质，调节机体生理功能和物质代谢，增强免疫力，防治多种老年病，从而起到健身、祛病、抗衰老和延年益寿的作用。

实践表明，经常服用蜂王浆不仅能健身、祛病、延年益寿，而且具有防治皮肤病和养颜美容的作用。分析表明，蜂王浆中含有人体必需的蛋白质，其中清蛋白约占2/3，球蛋白约占1/3；含有20多种氨基酸，16种以上的维生素，多种微量元素以及酶类、脂类、糖类、激素、磷酸化合物等，还有一些未知物质。这样丰富的营养滋补佳品，内服后可以强身壮骨，延年益寿，防止衰老，并且可以促进和增强表皮细胞的生命活力，改善细胞的新陈代谢，防止代谢产物的堆积，防止胶原、弹力纤维变性、硬化，滋补皮肤，营养皮肤，使皮肤柔软、富有弹性，使面容滋润，从而延缓皮肤的老化。

（7）具有核酸作用。蜂王浆中含有丰富的核酸，而核酸是人类最基本的"生命源"，没有核酸就没有生命。如果人体内核酸含量不足就会影响细胞的分裂速度，引起细胞缺失，使蛋白质合成缓慢，导致机体损伤、病变、衰老，甚至死亡。

牛磺酸：维持大脑运作的重要能量

牛磺酸（Taurine）又称 α-氨基乙磺酸，最早从牛黄中分离

健脑导航

● 补充牛磺酸，小心海鲜不适症

一般食用海鲜所引起的不适症，如常见的呕吐、腹泻、腹痛、皮肤痒等症状。中医辨证治疗上，若属于湿热型的肠胃症状，可用藿香正气散，加上葛根芩连汤，有利湿、清热、理气的作用。

而吃海鲜引起的皮肤痒，在中医则认为多属于湿热型体质者，患者会皮肤红痒，有水疱渗出物，愈抓愈痒，甚至有小脓疱。治疗应清热利湿、祛风止痒，可用消风散，加上黄连解毒汤。而湿阻型者会有身体乏力、胸闷、腹胀、大便软、皮肤红痒等症状。治疗以健脾、益气、利湿为主，可用胃苓汤，加上地肤子、白藓皮、土茯苓。

出来而得名。纯品为无色或白色斜状晶体，无臭，化学性质稳定，溶于乙醚等有机溶剂，是一种含硫的非精氨酸，在体内以游离状态存在，不参与体内蛋白的生物合成。

牛磺酸有助于脑部细胞神经的扩散，稳定细胞膜中钾、钠、镁、钙、硫等离子，可帮助大脑传递信息、提高大脑的活力。

牛磺酸在脑内的含量丰富、分布广泛，能明显促进神经系统的生长发育和细胞增殖、分化，且呈剂量依赖性，在脑神经细胞发育过程中起重要作用。研究表明：早产儿脑中的牛磺酸含量明显低于足月儿，这是因为早产儿体内的半胱亚磺酸脱羧酶（CSAD）尚未发育成熟，合成的牛磺酸不足以满足机体的需要，而需由母乳补充。母乳中的牛磺酸含量较高，尤其初乳中含量更高。如果补充不足，将会使幼儿生长发育缓慢、智力发育迟缓。

牛磺酸与幼儿、胎儿的中枢神经及视网膜等的发育有密切的关系，长期用单纯的牛奶喂养，易造成牛磺酸的缺乏。

在牛磺酸与脑发育关系的动物实验研究中发现，牛磺酸可促进大白鼠的学习与记忆能力。补充适量牛磺酸不仅可以加快学习记忆速度，而且还可以提高学习记忆的准确性，并且对神经系统的抗衰老也有一定作用。

牛磺酸几乎存在于所有的生物之中，含量最丰富的是海鱼、贝类，如墨鱼、章鱼、虾，贝类的牡蛎、海螺、蛤蜊等。鱼类中的青花鱼、竹荚鱼、沙丁鱼等牛磺酸含量也很丰富。在鱼类中，鱼背发黑的部位牛磺酸含量较多，是其他白色部分的 5～10 倍。因此，多摄取此类食物，可以较多地获取牛磺酸。牛磺酸易溶于水，因此进餐时同时饮用鱼贝类煮的汤是很重要的。在日本，有用鱼贝类酿制成的"鱼酱油"，富含牛磺酸。除牛肉外，一般肉类中牛磺酸含量很少，仅为鱼贝类的 1%～10%。

蛋白粉：维持大脑发育的基础物质

近年来，蛋白粉成为保健市场的新宠。怀孕准妈妈听说吃蛋白粉能使宝宝长得壮一点；家长们期望蛋白粉能给学习压力大的孩子"补充精力"；老年人"增强身体素质，提高免疫力"的希望寄托在蛋白粉上……

目前市场上常见的蛋白粉产品，主要有乳清蛋白粉、植物性蛋白粉（即大豆蛋白粉）、酪蛋白粉，以及大豆蛋白粉和乳清蛋白粉的混合性蛋白粉这四大类。其中，以大豆蛋白粉和乳清蛋白粉最为常见。

大豆蛋白粉就是从大豆中提炼出来的,大豆蛋白粉价格相对便宜。乳清蛋白粉是从牛奶中提炼出来的,牛奶中的蛋白质,只有20%是乳清蛋白。乳清蛋白在营养价值、消化吸收率等方面,都大大优于其他类型的蛋白质,因而比较贵。

蛋白质有促进伤口愈合,促进人体生长发育等作用。人体要从食物中摄取蛋白质并不困难,不需要也不应该用蛋白粉来替代高蛋白食物。因为,高蛋白食物除了含蛋白质外,还有其他营养素,如牛奶含有丰富的钙和维生素,鱼肉则含有不饱和脂肪酸,瘦肉则含有铁,大豆含有不饱和脂肪酸、维生素、矿物质和纤维素等。纯蛋白粉有不含脂肪、不易使人体发胖的优点,所以,蛋白粉非常适合不敢吃肉、怕囤积脂肪的人士。

每种蛋白质都具有独特的化学结构,只有保持了其化学结构的完整性,蛋白粉才能有效发挥生物学作用。因此,食用蛋白粉一定要用50℃以下的温开水冲调;若需在炒菜或汤水中加入蛋白粉,以增加膳食中蛋白质的摄入,应在起锅冷却后再加入。只有这样蛋白粉才会保持良好的生物活性,为您的健康带来真正的益处。

一个正常成年人,每天需要的蛋白质约为60克。理论上,如果能做到膳食平衡,就没有必要通过吃蛋白粉来补充蛋白质了。因此,对于普通人士,首先应尽可能调整生活和工作状态,把一日三餐吃好,尽量做到均衡饮食,不挑食、偏食,这样不仅可以获得足够的蛋白质，还可以获得全面、均衡的营养。

蛋白粉的营养价值已经深入人心，但是由于蛋白质具有特殊的理化特性和生物学特征，食用者必须掌握了正确的食用方法才可以最终受益。

进食蛋白粉时，首先要注意量的问题是不可过量，每天10～20克即可，应随餐食用，特别是要与富含碳水化合物的食物同食。这是因为，如果只摄入优质蛋白而不摄入主食，那么，摄入的蛋白就会被机体作为能量消耗掉，这就相当于没有补充蛋白质。

对于吸收功能差，或蛋白质需要量大的住院或手术等特别人群，可以通过验血了解自己是否缺乏蛋白质。如果验血发现血浆蛋白含量下降，则提示机体缺乏蛋白质，此时应在医生指导下补充蛋白粉。

氨基酸：大脑运转的必备物质

氨基酸是组成大脑的重要物质，氨基酸含量高达90%以上。人之所以聪明、智慧，与其硕大的大脑分不开。人在进化的过程中，掌握了获取蛋白质（氨基酸）的本领，因此头脑发达、智商极高，逐渐主宰了这个世界。

尽管大猩猩和人类比较接近，但由于脑容量小，智商只有3岁小孩的水平。由此可见，大脑中氨基酸含量的多少，决定了人的智力和记忆力的高低，补脑、提高记忆的关键是补足氨基酸营养。

必需氨基酸是指人体（或其他脊椎动物）不能合成或合成速度远不适应机体的需要，必须由食物蛋白来供给，这些氨基酸称为必需氨基酸。共有 8 种，其作用分别是：

蛋氨酸（又叫甲硫氨酸）（Methionine）：参与组成血红蛋白、组织与血清，有促进脾脏、胰脏及淋巴的功能。

赖氨酸（Lysine）：促进大脑发育，是肝及胆的组成成分，能促进脂肪代谢，调节松果腺、乳腺、黄体及多卵巢，防止细胞退化。

苏氨酸（Threonine）：有转变某些氨基酸达到平衡的功能。

苯丙氨酸（Phenylalanine）：参与消除肾及膀胱功能的损耗。

亮氨酸（Leucine）：作用是平衡异亮氨酸。

异亮氨酸（Isoleucine）：参与胸腺、脾脏及脑下腺的调节以及代谢；脑下腺属总司令部作用于甲状腺、性腺。

缬氨酸（Valine）：作用于黄体、乳腺及卵巢。

氨基酸营养丰富，全面提供脑营养。儿童处于生长发育的高峰期，大脑发育也正处于高峰期。此时如果大脑营养不足、不均衡，将会给孩子的成长带来障碍，记忆力低下、弱智、痴呆都有可能。经过科学家研究，发现大脑中的"记忆素"含有 7 种氨基酸，这 7 种氨基酸能持续高效补充大脑所需的营养，提供大脑基础的思维和记忆物质。

大脑中的氨基酸每 3 小时就要更新一次，脑力劳动对氨基酸的需求很大。学生过度用脑，营养补充不及时，容易造成失眠、大脑疲惫、思维迟钝、注意力不集中。因此，补充充足的氨基酸营养，补充大脑动力，可以满足脑力劳动者的需要。

如果7种氨基酸中有一种缺乏或不足，就像"短板理论"那样，所有的记忆物质合成都将受到限制。小孩由于消化系统未发育完全，还容易偏食挑食，这样就会导致营养不均衡或缺乏。因此，额外补充氨基酸营养就成为孩子补脑的首选，保持氨基酸营养充足、均衡对促进孩子大脑发育很有必要。

氨基酸含量比较丰富的食物有鱼类、蚕蛹、鸡肉、冻豆腐、紫菜、鳝鱼、泥鳅、墨鱼、章鱼、海参等。另外，像牛肉、鸡蛋、黄豆、银耳和新鲜果蔬、动物内脏、瘦肉、鱼类、乳类、山药、藕、豆类、豆类食品、花生、杏仁、香蕉等。

各类维生素：大脑必需的补给

维生素是大脑代谢的重要营养素。其中对脑有较大影响的且易缺乏的是维生素A、维生素B_1、维生素C和维生素E。我们可以从以下日常食物中获得这些维生素。

维生素C片

富含维生素A的食物，主要有动物的肝脏、鱼类、海鲜、鸡蛋、奶油、牛奶等。

富含维生素B_1的食物有面粉、玉米、豆类、西红柿、辣椒、梨、苹果、哈密瓜等。

维生素C广泛存在于各种新鲜水果及蔬菜中，如柑橘、草莓、猕猴桃、番茄、豆芽、白菜、青椒等。另外，还可口服维生素C片。

维生素E广泛存在于绿色植物，尤其是各种天然植物油中，如核桃、糙米、芝麻、花生、黄豆、玉米等。

高考生明目健脑食谱

高考，让每个高三的学生都感到了巨大的压力。考前适度的紧张和压力会促进学生全面、认真地复习，从而达到良好的考试效果。但是，也会造成一些考生过度地紧张、焦虑和慌乱，以致影响考试水平的正常发挥。所以，高三学生必须注意高考前和高考时的心理调整，更要注意合理的饮食。科学的膳食，不但能充分满足特殊时期的营养需求，还有助于缓解孩子考前的压力和疲劳，从而提高学习效率，争取更好的成绩，在人生的关键时刻，考生和家长们不妨试试饮食减压法。

饮食疗法包括两个方面。一方面是指科学合理的饮食可以保证考生生理健康，为考生超强度的脑力劳动提供足够的物质与营养基础。这是考生减轻心理压力的生理保证。实际上，很多的食物都具有缓解压力的功能。如香蕉、牛奶、番茄、柑橘、小米粥、红茶等，考生们可以适当食用。

下面列出具体食谱：

[保健应用] 清炒莴笋丝

原料： 莴笋1棵，大葱1小段，大蒜2粒，油1匙，盐适量，高汤1匙，鸡精1小匙。

做法：

（1）莴笋削皮后切丝，大葱切成葱花。

（2）锅里油烧热后下葱花爆香，然后倒入莴笋丝，翻炒片刻后放盐，再炒匀后依次淋上高汤、放入蒜泥。

（3）最后放鸡精快炒几下出锅。

特点： 脆爽适口。

功效： 莴笋能刺激消化液的分泌，促进食欲。

[保健应用] 天麻鱼头汤

原料： 天麻100克，大鱼头2个，云腿100克，清水8碗，油、盐、姜片适量。

做法：

（1）用清水洗净大鱼头和天麻，先除去鱼鳃内污物并切为两片，天麻沥干水备用。

（2）烧红锅，加入油，爆香姜片，倒入鱼头，封煎去除鱼腥，1～2分钟后取出，放在吸油纸上，吸去多余油分待用。

（3）注清水于炖盅内，先放鱼头于盅底，之后放入天麻和云腿，隔水炖至水沸时，改用中至慢火，炖2～3小时，再放入适量盐即可。

功效： 天麻胶质重，味甘甜而带苦涩，其有益气定惊、镇痛养肝、祛风湿、强筋骨等效用。鱼头是健脑益智的佳品，两者成菜是学生备考的佳品。

鸡汤银耳

原料：鸡汤1500毫升，银耳10克，莲子15克，料酒、白糖、食盐、味精各适量。

做法：

（1）将银耳、莲子发开，洗净，备用。

（2）鸡汤炖沸后加入银耳和莲子，调入料酒、白糖、食盐、味精适量。炖至银耳、莲子熟。即可食用。

功效：佐餐服食，可滋阴健脾，益智宁神。

皮蛋瘦肉粥

原料：皮蛋2个，瘦肉丝100克，油条1根，青蒜丝少许，白粥2碗，盐1小匙，鲜鸡精1小匙、淀粉1/2大匙。

做法：

（1）皮蛋切块，油条切小段备用。

（2）瘦肉丝加淀粉及盐少许，腌10分钟。

（3）将瘦肉丝烫一滚捞起。

（4）将白粥煮滚后改用小火，加入皮蛋块、瘦肉丝、盐及鲜鸡精，略为搅拌均匀即可熄火。

（5）食用前撒下青蒜丝及油条段。

特点：粥香滑爽，咸鲜味美。

功效：内含蛋白质、脂肪、碳水化合物、钙、磷、铁、维生素B_2、维生素B_1、维生素C。此粥具有除烦清热、滋阴清热、养血生津、益气养阴、益精髓、补脏腑、解暑热的功效。对于暑期备考的学生实乃佳品。

保健应用 莲子猪心汤

原料：猪心1个，莲子60克，桂圆肉15克，太子参30克，大枣6克。

做法：

（1）猪心洗净切片，莲子（去心）、太子参、桂圆肉、大枣洗净。

（2）把全部用料放入锅内，加清水适量，武火煮沸后，文火煲2小时（或以莲子煲绵为度），调味可用。

功效：补心健脾，养心安神。心脾不足之精神衰疲，虚烦心悸，睡眠不足，健忘等。亦可用于神经衰弱而烦躁失眠、脾虚气弱型心悸者。可用于缓解学生考前压力，健脑安神。

保健应用 萝卜枸杞黑米粥

原料：胡萝卜100克，枸杞20克，黑米200克，核桃仁20克。

做法：

（1）将洗净的胡萝卜切成小块备用。

（2）起火上锅，加适量水，放入黑米、胡萝卜块，用大火烧开后加入枸杞，再煮开后改用小火煮至米熟软即可。

功效：常做主食食用，可滋补肝肾，养血明目，聪脑益智。适用于肝肾不足之目暗眼花、记忆力减退等症，也可用于干眼症、夜盲症的预防。

保健应用 虾皮炒油菜

原料： 油菜心250克，虾皮30克，香菇50克，玉兰片50克，水发木耳50克，花生油40克，料酒30克，姜20克，盐、味精各适量。

做法：

（1）将油菜心洗净切段；香菇用温水泡软后洗净切片；玉兰片切成小片；木耳泡软洗净；姜洗净，切末。

（2）炒勺上火，放油烧热，放姜末、虾皮炒出香味后下油菜煸炒，再下玉兰片、香菇、木耳、盐，炒至断生后放料酒、味精炒匀起勺。

特点： 鲜香脆嫩。

功效： 开胃去腻。

保健应用 五元鹌鹑蛋

原料： 鹌鹑蛋20个，桂圆10个，莲子20个，荔枝10个，黑枣5个，枸杞6克，冰糖60克，精盐、鸡油各适量。

做法：

（1）莲子、黑枣、桂圆、枸杞用温水洗净，荔枝去壳，鹌鹑蛋煮熟去壳。

（2）蒸碗内注入清水，下冰糖、精盐、桂圆、黑枣、枸杞、荔枝、莲子、鹌鹑蛋，上笼蒸30分钟，滗出原汁，并把鹌鹑蛋等原料转装平盘中。

（3）原汁勾清芡，放入鸡油，淋在上面即可。

功效： 佐餐食用，可开胃益脾，养心安神。适合在比赛或考试前食用，可以稳定情绪。

保健应用 干煸茭白

原料：嫩茭白500克，芽菜末30克，酱油2汤匙，油、盐、绍酒、香油各适量。

做法：

（1）将茭白削去外皮，切去老根，切成5厘米长的大粗条。

茭白

（2）炒锅上火，放油烧至六成热，放入茭白炸至棱角微呈黄色、皱皮时，加入酱油、盐煸炒入味，放入芽菜，烹入绍酒炒匀，淋香油即可起锅。

特点：鲜咸适宜，清淡爽口。

功效：茭白含蛋白质、脂肪、糖类、维生素B_1、维生素B_2、维生素E、微量胡萝卜素和矿物质等成分。可提高食欲。

保健应用 熏干炒芹菜

原料：熏干3枚，芹菜300克，盐、鸡精、葱花各适量。

做法：

（1）把芹菜、熏干切丝，将芹菜丝入滚水烫一下，沥干水分待用。

（2）起油锅，放油2汤匙，爆香葱花，先炒熏干丝，加入鸡精、少许水翻炒，再加入芹菜丝同炒至熟，可加入少许盐调味，出锅即可。

特点：脆嫩可口。

功效：和中养血。适用于头昏、眩晕、心悸、失眠等症。

保健应用 山药枸杞蒸鸡

原料：净母鸡1只（约重1500克），山药40克，枸杞子30克，水发香菇25克，火腿片25克，笋片25克，料酒50克，清汤1000毫升，味精、盐适量。

做法：

（1）山药除去粗皮，切成长7～10厘米、厚1厘米的纵片，枸杞子洗净备用。

（2）净鸡去爪，剖开背脊，抽去头颈骨留皮，下开水锅内汆一下取出，洗净血水。

（3）将鸡腹向下放在汤碗内，加入料酒、味精、精盐、清汤、山药、枸杞，将香菇、笋片、火腿片铺在鸡面上，上锅蒸2小时左右，待鸡酥烂时取出即可。

功效：补肝肾，益精血，健脾胃。

保健应用 罗宋汤

原料：奶油10克，胡萝卜丁15克，马铃薯丁15克，白萝卜丁15克，洋葱丁15克，牛肉丁20克，牛肉高汤300克，高丽菜40克，番茄丁（去皮、籽）15克，黑胡椒粉0.2克，月桂叶1/2张，盐酌量，酸乳酪15克。

做法：

（1）番茄顶用刀画十字，用热水烫，再用冷水泡，去皮、切丁。

（2）用小火熔化奶油，加洋葱丁炒软，加胡萝卜丁、马铃薯丁、白萝卜丁炒熟。

（3）放入牛肉高汤煮开15分钟，转小火放入牛肉丁、高丽菜、番茄丁、黑胡椒、月桂叶，小火煮15分钟。

（4）将月桂叶取出，调味。

特点：味道鲜美，清淡爽口。

功效：富含多种维生素、蛋白质，是学生补脑的佳品。

保健应用 蚝油生菜

原料：生菜600克，蚝油30克，白糖10克，料酒20克，清油60克，酱油10克，盐1克，水淀粉10克，味精3克，香油5克，胡椒面1克，蒜末3克，汤适量。

做法：

（1）把生菜老叶去掉，清洗干净。坐锅放水，加盐、糖、油，开后放生菜，翻个倒出，压干水分倒盘里。

（2）坐勺放油，加蒜炒一炒，加蚝油、料酒、胡椒面、糖、味精、酱油、汤，开后勾芡，淋香油，浇在生菜上即可。

特点：鲜嫩滑爽，香浓清口。

功效：生菜含有丰富的维生素，此菜具有清热解毒、利湿的功效。

·高考饮食六点注意·

高考不仅是孩子们知识、心理素质的较量，考前的合理饮食也很重要。所以，备战高考期间的饮食要注意六点。

1.合理安排三餐

备考阶段要特别注意一日三餐合理安排：

（1）早餐要吃好。考生一般晚上都学习到很晚，经过一夜体能消耗，各种代谢物在体内也有一些堆积；而上午的学习及考试中大脑所需要的能量几乎全部来自早餐，空腹不仅会影响水平的发挥，而且容易发生低血糖昏厥现象。因此，吃好早餐可以给大脑提供充足的能量，对保持旺盛的精力和较好的学习状态非常必要。

早餐的能量要适当，蛋白质适量，碳水化合物充足。应多摄入一些补脑食物，如鱼类、豆制品、瘦肉、鸡蛋、牛奶以及新鲜蔬菜、瓜果等，少吃肥肉、油炸食品等。早餐最好在起床20~30分钟后食用，主食量在100~150克。同时要补充饮水，避免饮用含糖分较高的各种果汁饮料。

（2）午餐要吃饱。午餐是考生三餐中的主餐，上午体内的热量和各种营养素消耗较大，因此中午要提供充足的能量和各种营养素，多摄入肉类、鸡蛋、豆腐等食品，能为午后学习及考试活动提供能量及营养储备，同时要防止暴饮暴食，以免加重胃肠负担，对健康不利，吃得过饱可使大脑灵敏度降低，影响考试发挥。

（3）晚餐要吃巧。考生经过一天的拼搏，体力和脑力消耗较大，消化液分泌也减少，晚餐食欲往往不佳，因此晚餐应注意饮食的色、香、味、形搭配，最好做些开胃菜，以引起考生食欲。在饮食中适当添加能促进消化液分泌的调料，如味精、葱、姜、胡椒等，既可促进食欲又可促进消化。

2.饮食要卫生

备考阶段，考生家长一定要搞好考生的饮食卫生，不要给考生吃剩下的饭菜，生吃水果一定要洗净，可以在淡盐水中浸泡一会儿，不要给考生吃太多的生冷食品，以免考生出现肠胃不适、腹泻等病症，影响考生的备考状态。

3. 饮食要适量

每顿吃七八成饱为宜，如果吃得太饱，会使脑供血不足，容易造成疲劳，所以要少食多餐。

4. 饮食要顺口

考前大换食谱是考生饮食的大忌。原因在于，食谱变化大，肠胃需要一定的适应期，这反而容易影响身体状态。日常的生活规律最好不要改变，应当保持平时的饮食习惯。

5. 口味要清淡

备考期间多吃一些清淡、易消化的食物，如果考前几天每天都是大鱼大肉、山珍海味，肠胃并不一定习惯，弄不好还会出现腹泻、食欲不振等现象。此外，考前饮食以鸡鸭鱼肉唱主角也并不明智，清淡低脂才是正确之道。大脑消耗的能量主要是糖类，而非脂肪。血糖水平低，大脑的工作效率也会降低。

此外，尽量少服用那些所谓的营养滋补品、保健品。那些标榜提神醒脑的产品会产生"特异功能"，如果考生不吸收、不适应的话，还会导致腹泻、过敏、感冒上火等病症，与家长的意图适得其反。如果确需服用，要注意一个度的问题，不要滥用，要适可而止。

6. 饭要吃好

考生在冲刺复习及考试阶段，有利于大脑、神经代谢的营养素的摄取非常必要，营养要保证脑力和体力的需要。除蛋白质、脂肪、碳水化合物三大营养物质外，维生素与矿物质也不可或缺。奶、蛋、鱼、瘦肉、豆制品、植物油、米、面以及各种水果、干果、蔬菜等，都应广泛摄取，食物的多样性是均衡饮食的保证。

第二章

考分高不高,关键在记忆力好不好

大脑是如何记忆的

记忆是在大脑中积累、保存和提取个体经验的过程。人的大脑中,有一条延伸于脑的每一个侧室下角底的突起,形状像一只海马,是大脑中脑神经细胞集中分布的部位,起着一种暂时储存记忆的功能。记忆就是脑神经细胞之间的相互呼叫作用,其中有些相互呼叫作用所维持的时间是短暂的,有些是持久的,而还有一些介于两者之间。

当一个脑神经细胞受到刺激发生兴奋时,它的突触就会发生增生或感应阈下降,经常受到刺激而反复兴奋的脑神经细胞,它的突触会比其他较少受到刺激和兴奋的脑细胞具有更强的信号发放和信号接收能力。当两个相互间有突触邻接的神经细胞同时受到刺激而同时发生兴奋时,两个神经细胞的突触就会同时发生增生,以致它们之间邻接的突触的相互作用得到增强,当这种同步刺激反复多次后,两个细胞的邻接突触的相互作用达到一定的强度(达到或超过一定的阈值),则它们之间就会发生兴奋的传播现象,就是当其中任何一个细胞受到刺激发生兴奋时,都会引起另一个细胞发生兴奋,从而形成细胞之间的相互呼应联系,这就是记忆联系。

你有没有过这样的经历，刚才刚刚说过的话却一点儿也记不起来，或者平时总使用的词语到了嘴边却说不出来，可是那些孩提时代的事情却清清楚楚地刻在脑子里？

简单说来，"记忆"分为两种：短期记忆与长期记忆。人脑内存在多种不同活性的神经细胞，分别负责短期记忆与长期记忆。

记忆力差与遗传基因有关

英国科学家研究发现，一个特殊的基因变体在决定一个人的记忆上面，扮演着关键性的角色。一般来说，具有这种基因变体的人在"回忆昨天发生的事情"这种记忆力测验上表现比较差。

这是因为大脑内海马出现异常活动，以及脑细胞未能和储存记忆的邻近细胞产生必要的联结而引起的。这个问题似乎和一种维持脑细胞健康的化学物质——脑衍生神经因子（BDNF）有关，上述特殊的基因控制这种化学物质的产生。

但是科学家发现，这种基因的变体不但产生比较少的BDNF，而且产生的BDNF还无法正常在脑细胞之间移动。人体内两个BDNF基因，分别是从父亲和母亲处各遗传一个，遗传来的基因有两种变体。而大约有1/3的人遗传到至少一种变体，这种变体和标准的只有非常细微的差别。这种变体降低了BDNF的生产，破坏了记忆力。科学家认为，这种基因变体可能在引发阿尔茨海默症和其他神经系统疾病上扮演重要角色。

但同时科学家也以为，这种基因变体也可能具有其他正面的效益，只是尚未被发掘。

（1）活泼细胞负责短期记忆，数量较少，决定人的短期反应能力。这种细胞在受到神经信号刺激时，会短暂地出现感应阈下降的现象，但其突触一般不会发生增生，而且感应阈下降只能维持数秒至数分钟，然后就会恢复到正常水平。

比如，能够记住10秒、20秒前发生的事情，这就是短期记忆，它是一种有选择性的记忆。

如果将一整天发生的事情事无巨细都记住，再好使的脑子可能都不行，我们只能将那些重要的、印象深刻的、有意思的事情以一种短期记忆的方式暂且储存起来，然后从中挑选出一些作为长期记忆储存在大脑里。

与短期记忆息息相关的是我们大脑中的海马这种组织。如果将大脑比喻成一台电脑的话，储存在海马组织中的记忆就像那些一旦切断电源就立刻消失的信息一样，也就是说，这种记忆有随时消失的可能性。

死记硬背式的记忆就属于一种海马记忆，很难深刻地保存在大脑的记忆当中。即使当事者拼命想记住它，但它只能停留在短期记忆的程度，到了考场上头脑中还会是一片空白。要将短期记忆转化成长期记忆，需要付出一定的努力。

（2）惰性细胞负责长期记忆，数量较多，决定人的知识积累能力。这种细胞在受到大量反复的神经信号刺激时，才会发生突触增生，这种突触增生极缓慢，需要很多次反复刺激才能形成显著的改变，但增生状态能维持数月至数十年，不易退化。

比如，你以前会骑自行车，那么即使几十年一直没骑过，也不会忘记，只要实地练习几分钟，就会立刻唤起这种记忆。

以上两种细胞的区分是相对的，脑细胞的活性分布并没有明确的界线，相对而言是连续分布的，例如活泼细胞的活性也不是都一样的，有些活泼细胞的突触变化周期只有几秒钟，而有些则长达几分钟。

一般情况，人们是可以记起三分钟前给自己打电话的人的姓名，应该能够毫不费力地说出那个人的名字。这是因为我们大脑的短期记忆功能。短期记忆，就是在无意识当中储存不久前发生的事情。要是过上三四天，也许就会想不起打电话人的姓名。因此随着时间的流逝，这种短期记忆也会随之消失。但是，那些特别重要的电话或者老朋友突然打来的电话，即使时间过去了三四天之后，仍然会记得清清楚楚，这个过程是短期记忆已经变成了长期记忆的过程。

每个大脑神经细胞由胞体、树突和轴突构成，在记忆时，树突负责将外部信息刺激传入细胞体，轴突则通过化学反应将胞体收到的信息传递到周围的神经细胞，信息的传递速度和质量与神经细胞胞体的活性和轴突释放的神经递质密切相关，胞体活性越强，神经递质水平产生适量，则信息传递、存储速度越快，质量越高，记忆学习效果也就会越好。反之，记忆、学习效果就会越差。如果长期超负荷用脑，会使大脑神经细胞能量和营养供应不足，从而影响记忆效果，脑能量供应主要来源于血液中的葡萄糖有氧代谢，血液中的氧分子缺乏，有氧代谢供能不足，会使大脑神经元细胞内谷氨酸、乳酸等物质含量增高，引起神经元活性降低，使信息传输功能受损，神经元存活时间也会变短。神经元细胞能量供应不足，会严重影响细胞的正常发育，降低神经递质产生水平。

蛋白质是体内细胞各种膜结构的组成部分，有执行信息传递的功能，在人的识别、神经冲动、记忆等方面起着重要作用。蛋白质中的氨基酸只能被脑使用3小时便需要更新。

核酸是由氨基酸和葡萄糖组成的，它掌管着遗传，蛋白质是构成脑细胞的重要成分，约占大脑构成比的35%，脑组织在代谢中需要大量蛋白质来更新自己。食物中的蛋白质尤其是优质蛋白含量充足，就可以使大脑皮质处于最好的生理状态，进而发挥更好的智力水平。

蛋白质中的某些氨基酸如甘氨酸、赖氨酸、谷氨酸、色氨酸也有提高脑功能的作用。

谷氨酸能使脑的机能活跃，它是唯一可以在脑内氧化的氨基酸，如若脑内葡萄糖供给的能量不足时，氧化谷氨酸可以供给热能，谷氨酸还能清除代谢中氨对神经系统的毒害作用，对大脑起到保护性解毒的作用。

色氨酸是人体必需氨基酸之一，对人的脑组织正常功能的维持起着重要作用。大脑细胞的活动，信息的传递，主要表现为神经冲动。当人进行思维活动时，就需要通过高级神经细胞冲动的连续传递来完成，这种传递又是依靠神经的传递素来完成的，而传递素的原质构成成分就是色氨酸。医学研究表明，色氨酸摄入不足，会明显影响大脑活动功能，表现为神经淡漠、抑郁、应急反应力降低、注意力和记忆力减退。要保证足量的色氨酸摄入，通过食物的调配进食，就完全可以做到了。

蛋白质对大脑智力活动意义重大，因此食物中应有足够的蛋白质供应。

记忆强弱直接决定成绩好坏

记忆力直接影响我们的学习能力，没有记忆，学习就无法进行。英国哲学家培根说过，一切知识，不过是记忆。记忆方法和其中的技巧，是学生提高学习效率、提升学习成绩的关键因素，没有记忆提供的知识储备，没有掌握记忆的科学方法，学习不可能有高效率。现在学生的学习任务繁重，各种考试应接不暇，如果记不住知识，学习成绩可想而知，一考试头脑就一片空白，考试只能以失败告终。

如果我们把学习当作是一场漫长的征途，那么记忆就像是你的交通工具，交通工具的速度直接关系到你学习成绩的好坏，即它将直接决定你学习效率的高低。俗话说得好，牛车走了一年的路程，还比不上飞船1小时走得远。在竞争日益激烈的今天，谁先开发记忆的潜力，谁就有可能成为将来的强者。

美国心理学家梅耶研究认为，学习者在外界刺激的作用下，首先产生注意，通过注意来选择与当前的学习任务有关的信息，忽视其他无关刺激，同时激活长时记忆中的相关的原有知识。新输入的信息进入短时记忆后，学习者找出新信息中所包含的各种内在联系，并与激活的原有的信息相联系。最后，被理解了的新知识进入长时记忆中储存起来。

在特定的条件下，学习者激活、提取有关信息，通过外在的反应作用于环境。简言之，新信息被学习者注意后，进入短时记忆，同时激活的长时记忆中的相关信息也进入短时记忆。新旧信息相互作用，产生新的意义并储存于长时记忆系统，或者产生外在的反应。

具体地说，记忆在学习中的作用主要有以下几点：

1. 学习新知识离不开记忆

学习知识总是由浅入深，由简单到复杂，是循序渐进的。我们说，在学习新知识前，应该先复习旧知识，就是因为只有新旧知识相联系，才能更有效地记住新知识。忘记了有关的"旧"知识，却想学好新知识，那就如同想在空中建楼一样可笑。如果学习高中"电学"时，初中"电学"中的知识全都忘记了，那么高中的"电学"就很难学习下去。一位捷克教育家说："一切后教的知识都根据先教的知识。"可见，记住先教的知识对继续学习有多么重要。

2. 记忆是思考的前提

面对问题，引起思考，力求加以解决，可是一旦离开了记忆，思考就无法进行，问题也自然解决不了。假如在做求证三角形全等的习题时，却把三角形全等的判定公理或定理给忘了，那就无法进行解题的思考。人们常说，概念是思维的细胞，有时思考不下去的原因是由于思考时把需要使用的概念和原理遗忘了。经过查找或请教又重新回忆起来之后，中断的思考过程就可以继续下去了。宋代学者张载说过："不记则思不起。"这话是很有道理的。如果感知过的事物不能在头脑中保存和再现，思维的"加工"也就成了无源之水，无米之炊了。

3. 记忆好有助于提高学习效率

记忆力强的人，头脑中都会有一个知识的贮存库。在新的学习活动中，当需要某些知识时，则可随时取用，从而保证了新知识的学习和思考的迅速进行，节省了大量查找、复习、重新理解的时间，使学习的效率大大提高。

一个善于学习的人在阅读或写作时，很少翻查字典，做习题时，也很少翻书查找原理、定律、公式等，因为这些知识已牢牢地贮存在他的大脑中了，而且可以随时取用。

不少人解题速度快的秘密在于，他们把常用的运算结果，常用的化学方程式的系数等已熟记在头脑中，因此，在解题时就不必在这些简单的运算上费时间了，从而可以把时间更多地用在思考问题上。由于记得牢固而准确，所以也就大大减少了临时运算造成的差错。

许多学习成绩差的人就是由于记忆缺乏所造成的。有科学研究表明，学习成绩差一些的人在记忆时会遇到两种问题：第一，与学习成绩优良的学生相比，学习成绩差一些的人在记忆任务上有困难。第二，学习成绩差一些的学生的记忆问题可能是由于不能恰当地使用记忆策略。

尽管记忆是每个人所具有的一种学习能力，但科学有效的记忆方法并不是每一个学习者都能掌握的。一些学习者会根据课程的学习目的和要求，选择重点、选择难点，然后根据记忆对象的实际情况运用一些记忆方法进行科学记忆，并在自己的学习活动中总结出适合自己学习特点的方法，巩固学习效果，达到学有所成，学有所用。

右脑的记忆力是左脑的 100 万倍

关于记忆，也许有不少人误以为"死记硬背"同"记忆"是同一个道理，其实它们有着本质的区别。死记硬背是考试前夜那种临阵磨枪，实际只使用了大脑的左半部，而记忆才是动员右脑积极参与的合理方法。

在提高记忆力方面，最好的一种方法是扩展大脑的记忆容量，即扩展大脑存储信息的空间。有关研究也表明，在大脑容纳信息量和记忆能力方面，右脑是左脑的一百万倍。

首先，右脑是图像的脑，它拥有卓越的形象能力和灵敏的听觉，人脑的大部分记忆，也是以模糊的图像存入右脑中的。

其次，按照大脑的分工，左脑追求记忆和理解，而右脑只要把知识信息大量地、机械地装到脑子里就可以了。右脑具有左脑所没有的快速大量记忆机能和快速自动处理机能，后一种机能使右脑能够超快速地处理所获得的信息。

这是因为，人脑接收信息的方式一般有两种，即语言和图画。经过比较发现，用图画来记忆信息时，远远超过语言。如果记忆同一事物时，能在语言的基础上加上图或画这种手段，信息容量就会比只用语言时要增加很多，而且右脑本来就具有绘画认识能力、图形认识能力和形象思维能力。

如果将记忆内容描绘成图形或者绘画，而不是单纯的语言，就能通过最大限度动员右脑的这些功能，发挥出高于左脑的一百万倍的能量。

另外创造"心灵的图像"对于记忆很重要。

那么，如何才能操作这方面的记忆功能，并运用到日常生活中呢？现在开始描述图像

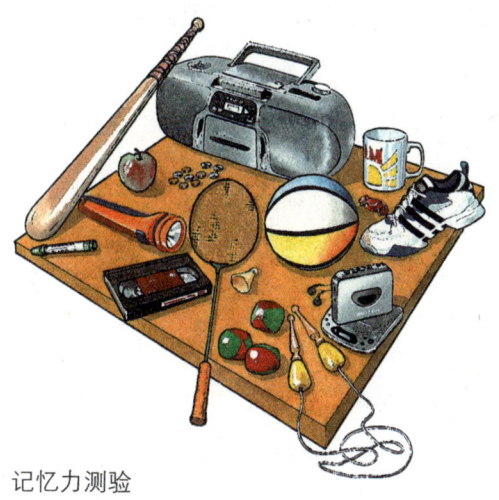

记忆力测验
用1分钟观察上图中的物体，并努力记住它们。现在合上书，尽可能多地写下你能回忆起的物体名称。这个练习可以测验你的短期记忆能力。然后分别在1小时之后、1天之后和1周之后检查有多少物体储存在你的长期记忆中。

法中一些特殊的规则,来帮助你获得记忆的存盘。

1. 图像要尽量清晰和具体

右脑所拥有的创造图像的力量,可以让我们"想象"出图像以加强记忆的存盘,而图像记忆正是运用了右脑的这一功能。研究已经发现并证实,如果在感官记忆中加入其他联想的元素,可以加强回忆的功能,加速整个记忆系统的运作。

所以,图像联想的第一个规则就是要创造具体而清晰的图像。具体、清晰的图像是什么意思呢?比方我们来想象一个少年,你的"少年图像"是一个模糊的人形,还是有血有肉、呼之欲出的真人呢?如果这个少年图像没有清楚的轮廓,没有足够的细节,那就像将金库密码写在沙滩上,海浪一来就不见踪影了。

下面,让我们来做几个"心灵的图像"的创作练习。

创造"苹果图像"。在创作之前,你先想想苹果的品种,然后想到苹果是红色绿色或者黄色,再想一下这颗苹果的味道是偏甜还是偏酸。

创造一幅"百合花图像"。我们不要只满足于想象出一幅百合花的平面图片,而要练习立体地去想象这朵百合花,是白色还是粉色;是含苞待放还是娇艳盛开。

创造一幅"羊肉图像"。看到这个词你想到了什么样的羊肉呢?是烤全羊,是血淋淋的肉片,还是放在盘子里半生不熟的羊排?

创作一幅"出租车图像"。你想象一下出租车是崭新的德国奔驰,老旧的捷达,还是一阵黑烟(出租车已经开走了)?车牌是什么呢?出租车上有人吗?乘客是学生还是白领?

这些注重细节的图像都能强化记忆库的存盘,大家可以在平时多做这样的练习来加强对记忆的管理。

2. 要学会抽象概念借用法

如果提到光,光应该是什么样的图像呢?这时候我们需要发挥联想的功能,并且借用适当的图像来达成目的。光可以是阳光、月光,也可以是由手电筒、日光灯、灯塔等反射出来的……美味的饮料可以是现榨的新鲜果蔬汁、也可以是香醇可口的卡布奇诺、还可以是酸酸甜甜的优酪乳……法律可以借用警察、法官、监狱、法槌等。

3. 时常做做"白日梦"

当我们的身体和精神在放松的时候,更有利于右脑对图像的创造,因为只有身心放松时,右脑才有能量创造特殊的图像。当我们无聊或空闲的时候,不妨多做做白日梦,当我们在全身放松的状态下时所做的白日梦,都是有图像的,那是我们用想象来创造的很清晰的图像。因此应该相信自己有这个能力,不要给自己设限。

4. 通过感官强化图像

即我们熟知的五种重要的感官——视觉、听觉、触觉、嗅觉、味觉。

另外,夸张或幽默也是我们加强记忆的好方法。如果我们想

演奏小提琴不仅需要听觉记忆,还需要触觉和视觉记忆的参与。

到猫,可以想到名贵的波斯猫,想到它玩耍的样子。如果再给这只可爱的猫咪加点夸张或幽默的色彩呢?比如,可以把猫想象成日本卡通片中的机器猫,或者把猫想象成黑猫警长,猫会跟人讲话,猫会跳舞等。这些夸张或者幽默的元素都会让记忆变得生动逼真!

总之,图像具有非常强的记忆协助功能,右脑的图像思维能力是惊人的,调动右脑思维的积极性是科学思维的关键所在。

当然,目前发挥右脑记忆功能的最好工具便是思维导图,因为它集合了图像、绘画、语言文字等众多功能于一身,具有不可替代的优势。

被称作天才的爱因斯坦也感慨地说:"当我思考问题时,不是用语言进行思考,而是用活动的跳跃的形象进行思考。当这种思考完成之后,我要花很大力气把它们转化成语言。"

国际著名右脑开发专家七田真教授曾说过:"左脑记忆是一种'劣质记忆',不管记住什么很快就忘记了,右脑记忆则让人惊叹,它有'过目不忘'的本事。左脑与右脑的记忆力简直就是1∶100万,可惜的是一般人只会用左脑记忆!"

我们也可以这样认为，很多所谓的天才，往往更善于锻炼自己的左右脑，而不是单独左脑或者右脑；每个人都应有意识地开发右脑形象思维和创新思维能力，提高记忆力。

超右脑照相记忆法

著名的右脑训练专家七田真博士曾对一些理科成绩只有 30 分左右的小学生进行了右脑记忆训练。所谓训练，就是这样一种游戏：摆上一些图片，让他们用语言将相邻的两张图片联想起来记忆，比如"石头上放着草莓，草莓被鞋踩烂了"等等。

这次训练的结果是这些只能考 30 分的小学生都能得 100 分。

通过这次训练，七田真指出，和左脑的语言性记忆不同，右脑中具有另一种被称作"图像记忆"的记忆，这种记忆可以使只看过一次的事物像照片一样印在脑子里。一旦这种右脑记忆得到开发，那些不愿学习的人也可以立刻拥有出色记忆力，变得"聪明"起来。

同时，这个实验告诉我们，每个人自身都储备着这种照相记忆的能力，你需要做的是如何把它挖掘出来。

现在我们来测试一下你的视觉想象力。你能内视到颜色吗？或许你会说："噢！见鬼了，怎么会这样。"请赶快先闭上你的眼睛，内视一下自己眼前有一幅红色、黑色、白色、黄色、绿色、蓝色然后又是白色的电影银幕。

看到了吗？哪些颜色你觉得容易想象，哪些颜色你又觉得想象起来比较困难呢？还有，在哪些颜色上你需要用较长的时间？

请你再想象一下眼前有一个画家，他拿着一支画笔在一张画布上作画。这种想象能帮助你提高对颜色的记忆，如果你多练习几次就知道了。

当你有时间或想放松一下的时候，请经常重复做这一练习。你会发现一次比一次更容易地想象颜色了。当然你可以做做白日梦，从尽可能美好的、正面的图像开始，因为根据经验，正面的事物比较容易记在头脑里。

你可以回忆一下在过去的生活中，一幅让你感觉很美好的画面：例如某个度假日、某种美丽的景色、你喜欢的电影中的某个场面，等等。请你尽可能努力地并且带颜色地内视这个画面，想象把你自己放进去，把这张画面的所有细节都描绘出来。在繁忙的一天中用几分钟闭上你的眼睛，在脑海里呈现一下这样美好的回忆，如此你必定会感到非常放松。

当然，照相记忆的一个基本前提是你需要把资料转化为清晰、生动的图像。

清晰的图像就是要有足够多的细节，每个细节都要清晰。

比如，要在脑中想象"萝卜"的图像，你的"萝卜"是红的还是白的？叶子是什么颜色的？萝卜是沾满了泥还是洗得干干净净的呢？

图像轮廓越清楚，细节越清晰，图像在脑中留下的印象就越深刻，越不容易被遗忘。

再举个例子，比如想象"公共汽车"的图像，就要弄清楚你脑海中的公共汽车是崭新的还是又老又旧的？车有多高、多长？车身上有广告吗？车是静止的还是运动的？车上乘客很多很拥挤，还是人比较少宽宽松松？

生动的图像就是要充分利用各种感官，视觉、听觉、触觉、嗅觉、味觉，给图像赋予这些感官可以感受到的特征。

想象萝卜和公共汽车的图像时都用到了视觉效果。

在这两个例子中也可以用到其他几种感官效果。

婴幼儿的记忆

心理学家卡罗琳·霍维·科利尔领导的一个研究小组揭示，婴儿可能保存了用脚使得悬挂在摇篮上方的活动物体摆动的记忆。两个月大的婴儿在24小时内记得这个联系；出生一个月后，他们可以在一个星期内想起这个协调运动。出生后6个月，记忆痕迹可以持续2～3个星期。从2岁或3岁开始，幼儿就有了创造记忆的能力，并且可以在十几年后回想起。这些记忆的保存是随着语言能力的增强而变得容易的。尽管如此，对成年人来说，大多数的个人事件记忆是在10岁以后才有的。

在创造公共汽车的图像时，也可以想象：公共汽车的笛声是嘶哑还是清亮？如果是老旧的公共汽车，行驶起来是不是吱呀有声？在创造萝卜的图像时，可以想象一下：萝卜皮是光滑的还是粗糙的？生萝卜是不是有种细细幽幽的清香？如果咬一口，又会是一种什么味道呢？

经过上面的几个小训练之后，你关闭的右脑大门或许已经逐渐开启，但要想修炼成"一眼记住全像"的照相记忆，你还必须要进行下面的训练：

（1）一心二用（5分钟）。

"一心二用"训练就是锻炼左右手同时画图。拿出一根铅笔。左手画横线，右手画竖线，要两只手同时画。练习一分钟后，两手交换，左手画竖线，右手画横线。一分钟之后，再交换，反复练习，直到画出来的图形完美为止。这个练习能够强烈刺激右脑。

你画出来的图形还令自己满意吗？刚开始的时候画不好是很正常的，不要灰心，随着练习的次数越来越多，你会画得越来越好。

（2）想象训练（5分钟）。

我们都有这样的体会，记忆图像比记忆文字花费时间更少，也更不容易忘记。因此，在我们记忆文字时，也可以将其转化为图像，记忆起来就简单得多，记忆效果也更好了。

想象训练就是把目标记忆内容转化为图像，然后在图像与图像间创造动态联系,通过这些联系能很容易地记住目标记忆内容及其顺序。正如本书前面章节所讲,这种联系可以采用夸张、拟人等各种方式,图像细节越具体、清晰越好。但这种想象又不是漫无边际的,必须用一两句话就可以表达,否则就脱离记忆的目的了。

如现在有两个水杯、两只蘑菇,请设计一个场景,水杯和蘑菇是场景中的主体,你能想象出这个场景是什么样的吗?越奇特越好。

对于照相记忆,很多人不习惯把资料转化成图像,不过,只要能坚持不懈地训练就可以了。

左右脑并用创造记忆的神奇效果

左右脑分工理论告诉我们,运用左脑,过于理性;运用右脑,又容易流于滥情。从 IQ(学习智能指数)到 EQ(心的智能指数),便是左脑型教育沿革的结果;而将"超个人"这种所谓的超常现象,由心理学的层面转向学术方面的研究,更代表了人们有意再度探索全脑能力的决心。

若能持续地进行右脑训练,进而将左脑与右脑好好地、平衡地加以开发,则记忆就有了双管齐下的可能:由右脑承担形象思维的任务,左脑承担逻辑思维的重任,左右脑协调,以全脑来控制记忆过程,自然会取得出人意料的高效率。

发挥大脑右半球记忆和储存形象材料的功能，使大脑左右两半球在记忆时，都共同发挥作用，使大脑主动去运用它本身所独有的"右脑记忆形象材料的效果远远好于左脑记忆抽象材料的效果"这一规律。这样实践的效果，理所当然地会使人的记忆效率事半功倍，实现提升记忆力的目的。

另据生理学家研究发现，除了左右半脑在功能上存在巨大差异外，大脑皮层在机能上也有精细分工，各部位不仅各有专职，并有互补合作、相辅相成的作用。

由于长期以来，人们对智力的片面运用以及不良的用脑习惯的结果，不仅造成了大脑部分功能负担过重，学习和记忆能力下降，而且由此影响了思维的发展。

为了扭转这种局面，就需要运用全脑开动，左右脑并用。

1. 使左右半脑交叉活动

交叉记忆是指记忆过程中，有意识地交叉变换记忆内容，特别是交叉记忆那些侧重于形象思维与侧重于抽象逻辑思维的不同质的学习材料，以使大脑较全面发挥作用。记忆中，还可以利用一些相辅相成的手段使大脑两半球同时开展活动。

2. 进行全脑锻炼

全脑锻炼是指在记忆中，要注意使大脑得到全面锻炼。大脑皮层在机能上有精细的分工，但其功能的发挥和提高还要靠后天的刺激和锻炼。由于大脑皮层上有多种机能中枢，要使这些中枢的机能都发展到较高水平，就应在用脑时注意使大脑得到全面的锻炼。

比如在记忆语言时,由于大脑皮层有4个有关语言的中枢——说话中枢、书写中枢、听话中枢和阅读中枢,所以为了使这些中枢的机能都得到锻炼,就应当在记忆时把说、写、听、读这几种方式结合起来,或同时进行这几种方式的记忆。

我们以学习语言为例,说明如何左右脑并用。为了学会一门语言,一方面必须掌握足够的词汇,另一方面,必须能自动地把单词组成句子。词汇和句子都必须机械记忆,如果你的记忆变成推理性的或逻辑性的记忆,你就失去了讲一种外语所必需的流畅,进行阅读时,成了一字字地翻译了。这种翻译式的分析阅读是左脑的功能,结果是越读越慢,理解也就更难,全靠死记住某个外语单词相应的汉语单词是什么来分析。

发挥左右脑功能并用的办法学语言是用语言思维,例如,学英语单词"bed"时,应该在头脑中浮现出"床"的形象来,而不是去记"床"这个字。为什么学习本国语言容易呢?因为你从小学习就是从实物形象入手,说到"暖水瓶",谁都会立刻想起暖水瓶的形象来,而不是浮现出"暖水瓶"三个字形来,说到动作你就会浮现出相应的动作来,所以学得容易。我们学习外语时,如能让文字变成图画,在你眼前浮现出形象来——这就让右脑起作用了。每个句子给你一个整体的形象,根据这个形象,通过上下文来判别,理解就更透了。

教育学、心理学领域的很多研究结果也显示,充分利用左右脑来处理多种信息对学习才是最有效的。

关于左右脑并用，保加利亚的教育家洛扎诺夫创造的被称之为"超级记忆法"的记忆方法最具有代表性。这种方法的表现形式中最引人入胜的步骤之一，是在记忆外语的同时，播放与记忆内容毫无关系的动听的音乐。洛扎诺夫解释说，听音乐要用右脑，右脑是管形象思维的，学语言用左脑，左脑是管逻辑思维的。他认为，大脑的两半球并用比只用一半要好得多。

蛋白质是记忆力好的基础

记忆是人的大脑对经历过的事物的反映，它分为三个环节，即识记、保持、回忆或再认识，它对大脑维持有效运转及较高的工作效率有至关重要的作用。我们要在社会上立足记忆力是一个不可或缺的能力，不管你是学生，还是老师，或是高薪白领、也不管你是做生意的、还是公务员，或是高层领导，记忆力的好坏起重要作用，《纽约时报》的一次调查显示：所谓失败者，绝大多数记忆力都较差，所谓成功者，96%记忆力都非常好，其实这与一个人大脑中蛋白质含量的多少有关。

大脑记忆的形成与脑内多巴胺、去甲肾上腺素、5-羟色胺等多神经递质有密切关系。多巴胺和去甲肾上腺素都对学习和记忆有促进作用，可促使脑的兴奋水平增强，躯体运动能力增强。实验证明，向大脑内注射多巴胺和去甲肾上腺素代用品之后，可改善学习试验 24 小时后的记忆反应。5-羟色胺和 γ-氨基丁酸对学习记忆过程有调节作用,由于紧张、抑郁引起的记忆力减退,通常与脑内 5-羟色胺和 γ-氨基丁酸的含量不足有关。脑内多巴胺、去甲肾上腺素、5-羟色胺及 γ-氨基丁酸这些神经递质本身就是蛋白质。另外在记忆巩固过程中,大脑海马区需要合成一些新的 RNA-蛋白质,通过 RNA-蛋白质微细结构变化将我们的记忆长期储存下来,一旦某种记忆形成,海马区迅速将这些分布的信息组合成一种记忆,因而分布于各个感觉加工区的表征起着索引作用。这样才不会忘记我们记过的东西。因此蛋白质是形成记忆的基础物质。

有调查显示,成功者中约 96% 的人记忆力都非常好。

要想大脑的功能正常并且拥有良好的记忆力,我们就要从平时的饮食中获取充足的蛋白质。食物蛋白质经消化分解为各种氨基酸,用来合成和记忆相关的神经递质。色氨酸是五羟色胺的制造原料,酪氨酸和苯丙氨酸是多巴胺与去甲肾上腺素的制造原料,谷氨酸是 γ-氨基丁酸的制造原料,试验证明,在大脑运作中,所消耗的多种氨基酸当中,以谷氨酸为最多。尤其是大脑记忆过程中,谷氨酸消耗十分迅速。这是因为,谷氨酸这种氨基酸本身

蛋类、牛奶中的蛋白质是所有蛋白质食物中品质最好的，其原因是最容易被人体消化，氨基酸齐全，也不易引起痛风发作。

就是参与学习记忆的关键神经递质。学习记忆的启动是由细胞内谷氨酸发起的。谷氨酸激活主管学习记忆的神经细胞膜上的谷氨酸受体，引起了一系列的与记忆相关的信号传导，包括电信号的增强、钙离子的内流等，最后巩固记忆或形成记忆长期贮存。

由于不同神经递质合成的各种氨基酸的需要量不一样，每种食物中氨基酸的含量也不一样，因此我们要做到平衡膳食，以便为大脑提供氨基酸结构比例平衡的优质蛋白质。

大脑记忆力好，吃好DHA、磷脂酰胆碱很关键

我们要想记忆力好，长链不饱和脂肪酸二十二碳六烯酸（DHA）和磷脂酰胆碱，无疑是我们大脑最关键的营养物质。

DHA是脑组织和视网膜的主要成分之一，具有促进神经细胞发育，改善人的记忆功能的作用，被称为"脑黄金"。

作为一种对人体非常重要的多不饱和脂肪酸，DHA大量存在于人脑细胞中，是大脑细胞的主要组成成分（DHA很容易通过大脑屏障进入脑细胞，存在于脑细胞及细胞突起中，人脑细胞脂质

健脑导航

●DHA的健脑益智作用

DHA占人脑脂肪的10%,对脑神经传导和突触的生长发育极为有利。实验表明,DHA摄入充分,大脑中的DHA值升高,就能活化大脑神经细胞,改善大脑功能,提高判断能力。毫无疑问,DHA具有十分显著的健脑益智作用,是青少年增进智力、加强记忆、提高学习能力的必要营养品。而科学家研究表明,DHA只存在于鱼类及少数贝类中,其他食物如谷物、大豆、薯类、奶油、植物油、猪油及蔬菜水果中几乎都不含DHA。因此从营养和健脑的角度来说,人们要想获得足够的DHA,最简便有效的途径就是吃鱼。

从总体上看,海水鱼中的DHA含量多于淡水鱼,深海鱼中的DHA通常要比沿岸和近海的鱼多。营养学家根据现有的研究分析结果推出了选购DHA含量丰富的鱼类参考次序:

(1)淡水鱼。鲥鱼、鲫鱼、黑鱼、鳜鱼、青眼鳟、鳊鱼、青鱼、鲢鱼等。这是按DHA在鱼体不饱和脂肪酸中的相对含量依次排列的。

(2)海水鱼。根据DHA含量在鱼肉中的百分比的大小排列如下:金枪鱼、鲭鱼、秋刀鱼、沙丁鱼、海鳗、虹鳟、鲑鱼、竹荚鱼、鲱鱼、带鱼、旗鱼、鲣鱼。

此外,营养学家认为,烹调方法与DHA的吸收确有关系。据日本专家对沙丁鱼进行的实验测定,无论煎、煮、烤、干制还是生吃,沙丁鱼中的DHA含量都不会发生变化,都可以被人体吸收,只是油炸的沙丁鱼DHA的比例降低了。因此,为了更有效地利用鱼体内的DHA,烹调时油炸应尽量少用,以减少DHA的损失。

中10%是DHA），是构成脑磷脂、脑细胞膜的基础物质，对脑细胞的神经传导、突触的生长和发育起着极为重要的作用，是人类大脑发育和智商开发的必需物质。

由于DHA具有流动性，它能使脑细胞膜保持活性状态，以便有效地执行大脑功能，有利于记忆信息的传递，提高记忆的效率。

DHA还对神经细胞轴突的延伸和树突的发育有重要作用。就像给小树要想长得朝气蓬勃、枝繁叶茂就要供给充足的水分一样，脑内DHA供给充足，脑细胞就活跃，脑细胞的轴突、树突的定向传递速度就快，人的记忆、思维能力就好。

高压力下工作的白领、预防记忆衰退的中老年人、学业任务繁重的学生都应保证供给大脑充足的DHA。每周吃3次优质的深海冷水鱼是一种不错的选择。

除了DHA，磷脂酰胆碱也是一种能增强记忆力的物质，磷脂酰胆碱就是我们常说的卵磷脂，因为磷脂酰胆碱最早是在鸡蛋中发现的，是一种磷脂物质，所以又称卵磷脂，是磷脂中最重要的一种。卵磷脂进入人体后经过消化吸收，释放出胆碱，而胆碱在胆碱酯酶的作用下合成记忆必需的神经递质乙酰胆碱，乙酰胆碱又被称为"记忆素"，一方面，它可以补充老化的脑细胞的营养，以减缓其衰老速度。另一方面，它能开发沉睡的、未被利用的脑细胞，加大神经与神经之间信息的携带量。还能使感觉神经，交感神经节数目增加，体积增大，纤维延长，从根本上帮助提高记忆力和延缓大脑的衰老。人随着年龄增长，记忆力会减退，其原因与乙酰胆碱含量不足有一定关系。乙酰胆碱是神经系统信息传递时必需的化合物，人脑能直接从血液中摄取磷脂及胆碱，并很快转化为乙酰胆碱。长期补充卵磷脂可以减缓记忆力衰退的进程，预防或推迟老年痴呆的发生。

在自然界中，乙酰胆碱多以胆碱的状态存在于大豆、鱼、肉、蛋等食物中，这些胆碱必须在人体内经生化反应，才能合成具有生理活性的乙酰胆碱。

预防记忆衰退的中老年人、工作压力大的白领、学业任务繁重的学生，应该注意胆碱的补充，就能让你的大脑保持良好的记忆力。

葡萄糖可以提高大脑记忆力

脑细胞的代谢很活跃，血液中的葡萄糖就是大脑的能量来源，是记忆活动的基础。

为了进一步证实葡萄糖和记忆的关系，科研人员做了一个测试。先让参加者听完一个故事，再分为两组，其中一组不提供葡萄糖溶液，另一组提供葡萄糖溶液，进行测试，看哪一组能完整地复述这个故事。结果发现喝下葡萄糖溶液的那组，记忆力比较好，语言表达能力比较强。然后又把参加者分为两组，其中一组不提供葡萄糖溶液饮用，再进行同样的测试。结果还是一样，没有提供葡萄糖溶液的那组，记忆较差，不能完整地记述刚才听过的那个故事。

血糖值的高低也影响记忆力。正常人空腹时的血糖值为70～110毫克/分升，进行记忆力测试时，因为脑部会利用大量的葡萄糖，所以，血糖值会下降。

早餐的质量对血糖水平有着显著影响，但也许有些学生说，自己经常不吃早餐，血糖值也没有很大的变化。这是因为人体若无法从食物吸收葡萄糖，肝脏里的肝糖原会被分解为葡萄糖，提供人体所需。但是，如果长期早餐没吃好、营养质量差，就不仅关系到自己的生长发育和健康，还会影响自己的学习行为、学业和发展。因为学习要用脑，而脑细胞代谢和活动的唯一能量来源是葡萄糖。只有保持正常血糖水平，才能有效保证大脑的葡萄糖供给。一旦血糖水平低下，大脑能量供应不足，人就会打瞌睡、注意力不集中，甚至头晕等。

虽然，葡萄糖是维持大脑记忆不可缺少的必需营养素，但大脑最需要稳定的葡萄糖供应，不喜欢起伏不定的血糖。血糖控制不好不但不能不促进记忆，反而会使记忆力越来越差。如服用

处于考试复习和考试阶段的学生。他的大脑需要大量的能量。而能量来源于脑血管里的血糖。或者说血液里的葡萄糖等营养物质。

单糖和双糖后，葡萄糖完全进入血液中并导致血糖快速上升，而多糖却需要逐渐分解，所以只能逐渐进入人的血液中。血糖升得越高，下降速度就越快。这种反应过程对新陈代谢来说不如说是一种负担：如果血糖升得很高，就要释放出许多胰岛素，胰岛素快速将糖运送到细胞内，于是又快速出现糖的重新下降，同时快速造成饥饿感。另一方面，血糖水平低，也会引

> ● 单糖和双糖
>
> 单糖就是不能再水解的糖类，是构成各种二糖和多糖的分子的基本单位。双糖由二分子的单糖通过糖苷键形成。我们的家用中的蔗糖，是由两种单糖组成的：葡萄糖和果糖。

起情绪不振，人会变得疲乏不堪、记忆力下降。因此，要使血糖水平维持在相当稳定状态，可从面、全麦制品、水果和蔬菜中获得糖分，它们能将糖适量、持续而又稳定地供给大脑。

矿物质和维生素帮助大脑提高记忆力

要保持记忆力的良好，除了要摄入好的脂肪、糖和蛋白质外，还需要摄入好的矿物质和维生素。

矿物质对学习记忆过程也有重要作用，如钙与大脑兴奋性、神经递质的释放、信息传递有很大的关系；机体缺乏铁的话，可让人反应能力差、注意力不集中、学习能力下降等；锌与大脑中蛋白质合成有关，会影响着人的记忆过程；因此，在紧张地学习

和工作时要多吃含好的矿物质的食物,这样可使人保持充沛的精力和良好的记忆力。

维生素是人学习记忆过程的重要帮手,维生素C可增加大脑的敏锐性,能维持神经管结构的正常和血液流动的正常。维生素C能明显促进大脑的海马神经细胞胞体和突起的生长和存活,给予维生素C可以使细胞内的蛋白质含量明显增加,由于脑蛋白合成与学习记忆有关,脑蛋白合成增加可增强大脑的学习记忆功能,因而维生素C有助于人的大脑学习记忆功能的提高;当人体缺乏维生素B_6时,大脑的兴奋性会受影响。

维生素B_{12}在乙酰胆碱的合成过程中可能发挥着重要的辅助作用,而乙酰胆碱是记忆痕迹形成所必需的神经递质和长期记忆的物质基础。此外,维生素C和维生素B_6还有助于和记忆相关的多巴胺和去甲肾上腺素的合成。各种B族维生素能参与脂肪、糖类和蛋白质的代谢过程,为人的大脑的学习记忆提供能量和物质基础。因此,在紧张的学习和工作期间要补充好维生素。

17种提高记忆力的食物

无论老人、孩子还是中青年人,每个人都想拥有超凡的记忆力,但普遍认为,记忆力与先天因素关系较大。其实一些食物也有助于发展人的智力,使人的思维更加敏捷,精力也更加集中,甚至能激发人的创造力和想象力。如菠菜、香蕉、瘦肉、牛奶、鱼、动物内脏（心、脑、肝、肾）及豆类、谷类等。这些食物不仅能增加能量，还有助于提高记忆力。

1. 菠菜

菠菜虽廉价而不起眼，但它属健脑蔬菜。菠菜中含有丰富的维生素 A、维生素 C、维生素 B_1 和维生素 B_2，是脑细胞代谢的"最佳供给者"之一。此外，它还含有大量的叶绿素，也是具有健脑益智作用的。

菠菜

2. 谷物

大脑需要不断补充葡萄糖，而谷物中碳水化合物和纤维素有助于控制葡萄糖缓慢在体内匀速释放，全麦谷物还富含 B 族维生素，能补充神经系统的健康营养。

谷物

3. 小米

小米含有较多的蛋白质、脂肪、钙、铁、维生素 B 等营养，被人们称为健脑主食。小米可单独熬粥，也可与大米一起熬粥。做粥时，清水煮沸后再放入锅中，以强火沸煮；漂起米油时，改为文火慢熬，待到米油增多加厚成脂、米粒开花，粥就熬好了（要想省事，还是可以打磨过后再熬）。

4. 鲑鱼

鲑鱼是一种富含脂肪酸的鱼类，常吃鲑鱼可以补充大脑发育成长和改善大脑功能所需的 Omega-3 脂肪酸 DHA 和 EPA。近期有研究表明，日常饮食中补充丰富的脂肪酸有利于头脑清晰。

5. 香蕉

脑细胞的热量来源与其他细胞不同，大脑的能量来源只能依赖于葡萄糖，无法从其他营养形式获得能量，而碳水化合物则是糖类最主要的来源。香蕉中不只含有丰富的碳水化合物，还有大量果胶、B族维生素。果胶能让葡萄糖释放的速度减慢，避免引起血糖的起伏过大；B族维生素能促进糖类被充分转化成能量，协助蛋白质代谢，维持脑细胞正常功能。如果你想维持大脑的巅峰状态，就请随时补充一根香蕉吧。

6. 虾皮

虾皮中含钙量极为丰富，每100克虾皮含钙约2000毫克。摄取充足的钙不仅可保证大脑处于最佳工作状态，还可防止其他因缺钙引起的疾病。儿童适量吃些虾皮，对加强记忆力和防止软骨病都有好处。

7. 菠萝

菠萝含有很多维生素C和微量元素锰，而且热量少，常吃有生津、提神的作用，有人称它是能够提高人记忆力的水果。菠萝常被一些音乐家、歌星和演员所青睐，因为他们要背诵大量的乐谱、歌词和台词。

8. 牛奶和酸奶

乳制品富含蛋白质和B族维生素是脑组织必不可少的营养物质。牛奶和酸奶也为大脑提供了优质的蛋白质和碳水化合物。近期研究表明，儿童和青少年要比成年人多摄入 10 倍以上的维生素 D 才能维持神经肌肉系统和人体细胞的整个生命周期。

9. 葱、蒜

葱、蒜中含有"蒜胺"，蒜胺对大脑的益处比 B 族维生素，强许多倍。平时让儿童多吃些葱蒜，可使脑细胞的生长发育更加活跃。

10. 贝类

贝类几乎不含碳水化合物及脂肪，几乎是纯蛋白质的食物，可以快速为大脑提供大量的酪氨酸。

贝类

因此可以大大激发大脑能量、提高情绪以及提高大脑功能。以贝类做开胃菜，能最快地提高脑力，但需要注意的是贝类比鱼类更容易积聚海洋里的毒素和污染物质。

11. 豆类

豆子的特别源于其中的蛋白质、复合碳水化合物、纤维素、维生素和矿物质，豆类是一种很好的健脑食品。如果孩子的午餐中有豆类，那他们下午的思维水平将达到高峰。其中肾豆相比其他豆类含有更丰富的 Omega-3 脂肪酸，大脑发育功能的一个重要元素就是 Omega-3 脂肪酸。

豆类

12. 花生酱

落花生和花生酱中含有丰富的维生素 E，而维生素 E 含有能保护神经膜的抗氧化剂及能补充大脑神经能量所需的葡萄糖和硫胺素。

13. 燕麦粥

燕麦是能为大脑提供优良的能源食物，孩子们每天早晨的第一餐应该有燕麦食物。燕麦富含纤维素，能保持孩子早晨在学校上课时大脑所需的能量。燕麦也是维生素 E 的重要来源，并且富含我们身体和大脑所需的 B 族维生素、钾和锌。

14. 核桃

核桃仁含 40% ~ 50% 的不饱和脂肪酸，构成人脑细胞的物质中约有 60% 是不饱和脂肪酸。可以说，不饱和脂肪酸是大脑不可缺少的建筑材料，儿童常吃核桃仁对大脑健康发育很有好处。

核桃

15. 浆果

草莓、樱桃、蓝莓、黑莓……通常情况下，浆果的颜色越艳丽，所含的营养越高。浆果中有高含量的抗氧化剂，尤其是维生素 C，这甚至有助于预防肿瘤疾病。研究证明草莓及蓝莓提取物有助于改善记忆。常吃浆果能使你得到很多营养，浆果的种子中还有一种对大脑发育很好的 Omega-3 脂肪。

16. 瘦牛肉

铁对于人体来说是一种重要的矿物质,能帮助孩子集中精力学习和保持精力充沛。瘦牛肉对我们来说是最容易被吸收的铁质来源。而牛肉中的锌,还也有助于儿童的记忆。

17. 鸡蛋

众所周知,鸡蛋是蛋白质的重要来源,蛋黄中富含的胆碱有利于提高记忆力。如儿童每天早餐吃1~2个鸡蛋,不仅可以强身健脑,还能使孩子在学习中保持精力旺盛。

鸡蛋

增强记忆力的食谱

一份利于大脑健康的食谱可以起到增强记忆力、改善情绪、提高大脑反应速度的效果。下面就为大家提供了一份"大脑食谱",大脑最爱吃什么,看看就知道。

保健应用 猪脑枸髓汤

原料:猪脑1具,猪脊髓15克,枸杞子10克,调料适量。

做法:将猪脑、猪脊髓洗净,放碗中,纳入枸杞子、食盐、味精、料酒、酱油等,上笼蒸熟服食。

功效:补肾健脑。

保健应用 胡桃鸡丁

原料： 鸡丁200克，胡桃仁70克，桂圆肉40克，料酒、淀粉、酱油、葱、姜、胡椒粉、味精各适量。

做法：

（1）先将鸡肉洗净，切丁，用料酒、淀粉、酱油拌匀。

（2）锅中热油用姜葱爆香后，下鸡丁煸炒变色，而后下胡桃仁及桂圆肉、葱、姜、胡椒等，炒至熟加食盐、味精调服。

特点： 味道鲜美，营养丰富。

功效： 可补肾健脾，养心安神，健脑益智。

保健应用 凉拌马齿苋

原料： 鲜嫩马齿苋500克，精盐、酱油、蒜、香油等各适量。

做法：

（1）将马齿苋去根、去老茎，洗净后下沸水锅中焯透，捞出后用清水多次洗净黏液，然后切段，放入盘中。

（2）将蒜瓣捣成泥，浇在马齿苋菜上，撒上适量精盐，再倒入酱油，淋上香油，吃时拌匀即成。

马齿苋

特点： 清凉、清脆，清淡爽口，蒜味浓。

功效： 马齿苋所含营养丰富，蛋白质、脂肪、钙、磷、铁及胡萝卜素、维生素含量很高。在夏日焯过后拌食，味清淡爽口。消热解毒，祛暑益凉。马齿苋还有大脑所需要的营养元素DHA，常食可以提高记忆力。

保健应用 辣白菜炖金枪鱼

原料：金枪鱼罐头300克，辣白菜400克，土豆1个，豆腐150克，大葱1根，红辣椒1个，青辣椒1个，洋葱1~2个，蒜泥1大匙，辣椒酱1大匙，姜酒1大匙，水4杯，精盐少许。

金枪鱼

做法：
（1）辣白菜要抖去佐料，切成4厘米长的段。
（2）土豆切成半月形片（稍厚）。
（3）豆腐切成0.5厘米的厚片。
（4）红辣椒、青辣椒、大葱斜切成片，洋葱切成丝。
（5）用金枪鱼罐头油滑锅，下洋葱、辣白菜、蒜、土豆、辣椒酱煸炒后加水烧煮。
（6）辣白菜熟后放入金枪鱼、红辣椒、青辣椒、大葱、豆腐、姜酒略煮，加盐调好口味。

特点：味道鲜美。
功效：营养丰富。健脑明目。

保健应用 双耳炖猪脑

原料：白木耳、黑木耳各10克，猪脑1具，调料适量。
做法：将黑木耳、白木耳发开洗净，猪脑洗净同置锅中，加清汤适量，文火炖至烂熟后，加入食盐、味精、料酒、椒粉等调味，再煮一二沸服食。
功效：补虚健脑。

[保健应用] 香辣三文鱼

原料： 三文鱼（切厚片），葱姜蒜末、辣酱、料酒、酱油、盐、味精各适量。

做法：
（1）油烧至8成热，放入葱姜蒜末，辣酱1勺，炒至出香味。
（2）倒入三文鱼，炒至变色，加其他调料。
（3）起锅。

特点： 色泽金黄，香脆可口。

功效： 补脑益智。

三文鱼

[保健应用] 枸杞叶炒猪心

原料： 枸杞叶250克，猪心1个，精盐、白糖、酱油、菜油、芡粉少许。

做法：
（1）将猪心洗净，切成片；枸杞叶洗净备用。
（2）取油适量，烧至八成熟时，倒入猪心，略加煸炒后，再倒入枸杞叶，酌加精盐、白糖、酱油，待枸杞叶软后，勾芡，起锅盛盘。佐餐食。

功效： 益精明目。补虚、安神、益智。枸杞叶具有补虚益智效用。它能补益诸不足、益智明目、除烦安神。猪心以心补心，能补养心血、安神定惊。两味同用。对防治神经衰弱和智力减退有较好的效果。适用于中老年人阴津不足、心火偏旺而见失眠多梦、头晕目眩、心悸健忘者食用。也是脑力劳动者和在校学生的保健药膳。

保健应用 奶油卷心菜

原料： 卷心菜1棵，西红柿2个，牛奶、盐、味精、花生油、水淀粉各适量。

做法：

（1）将卷心菜择洗干净，取嫩菜心切成块，西红柿切片，用开水分别氽一下捞出，沥干水分备用。

（2）炒锅注油烧热，投入菜心翻炒至熟，盛在盘中，用西红柿围边。

（3）锅内加牛奶、盐、味精及适量水烧开，用水淀粉勾芡，浇在卷心菜上即可。

卷心菜

特点： 奶味溢香，西式风味。

功效： 开胃，增强食欲，且营养丰富。

保健应用 椒盐沙丁鱼

原料： 沙丁鱼、青红尖椒末、盐、味精、糖、料酒、椒盐、淀粉、花生油各适量。

做法：

（1）沙丁鱼处理干净，腌制入味。

（2）沙丁鱼拍粉。

（3）用六七成热油将沙丁鱼炸至金黄色。

（4）炒香配料，再加沙丁鱼炒匀即可。

特点： 外焦里嫩，口味鲜香。

功效： 沙丁鱼营养价值很高，味美，常食有助于大脑发育，增强记忆力。

保健应用 蜜汁三文鱼

原料：三文鱼200克，青苹果20克，蜂蜜400克，玉桂棒10克，八角5克，茴香籽3克，香叶3克，花椒2克，盐3克，胡椒3克，橄榄油15克。

做法：
（1）将调味后的三文鱼用橄榄油煎至八成熟。
（2）青苹果切片装饰。
（3）把蜂蜜、玉桂棒、八角、茴香籽、香叶、花椒放入锅中用小火熬出香味，浇在三文鱼身上即可。

特点：出奇搭配，味道新颖。

功效：开胃利口。含丰富的蛋白质，可健脑益智。

第三章 思维导图激活大脑潜能，炼就学霸应试力

让你受益一生的思维习惯

思维导图由世界著名的英国学者东尼·博赞发明。思维导图又叫心智图,是把我们大脑中的想法用彩色的笔画在纸上。它把传统的语言智能、数字智能和创造智能结合起来,是表达发散性思维的有效图形思维工具。

思维导图自一面世,即引起了巨大的轰动。

作为21世纪全球革命性思维工具、学习工具、管理工具,思维导图已经应用于生活和工作的各个方面,包括学习、写作、沟

通、家庭、教育、演讲、管理、会议等。运用思维导图带来的学习能力和清晰的思维方式已经成功改变了 2.5 亿人的思维习惯。

英国人东尼·博赞作为"瑞士军刀"般思维工具的创始人，因为发明"思维导图"这一简单便捷的思维工具，被誉为"智力魔法师"和"世界大脑先生"，闻名世界。作为大脑和学习方面的世界超级作家，东尼·博赞出版了 80 多部专著或合著，系列图书销售量已达到 1000 万册。

思维导图是一种革命性的学习工具，它的核心思想就是把形象思维与抽象思维很好地结合起来，让你的左右脑同时运作，将你的思维痕迹在纸上用图画和线条形成发散性的结构，极大地提高你的智力技能和智慧水准。

在这里，我们不仅是介绍一个概念，更要阐述一种最有效、最神奇的学习方法。不仅如此，我们还要推广它的使用范围，让它的神奇效果惠及每一个人。

思维导图应用得越广泛，对人类乃至整个宇宙产生的影响就越大。

而你在接触这个新东西的时候会收获一种激动和伟大发现的感觉。

思维导图用起来特别简单。比如，你今天一天的打算，你所要做的每一件事，我们都可以用一张从图中心发散出来的每个分支代表今天需要做的不同事情（见下页图）。

简单地说，思维导图所要做的工作就是更加有效地将信息"放入"你的大脑，或者将信息从你的大脑中"取出来"。

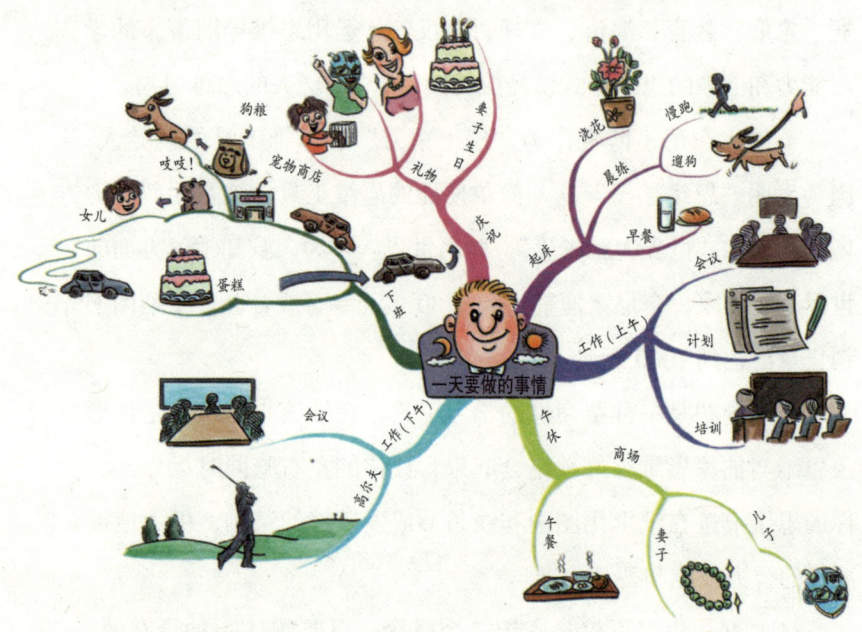

思维导图能够按照大脑本身的规律进行工作,启发我们抛弃传统的线性思维模式,改用发散性的联想思维思考问题;帮助我们做出选择、组织自己的思想、组织别人的思想,进行创造性的思维和脑力风暴,改善记忆力和想象力等;通过画图的方式,充分地开发左脑和右脑,帮助我们释放出巨大的大脑潜能。

为什么思维导图这么好用

让大脑更好更快地处理各种信息,这正是思维导图的优势所在。使用思维导图,可以把枯燥的信息变成彩色的、容易记忆的、高度组织的图，它与我们大脑处理事物的自然方式相吻合。

思维导图可以让大脑处理起信息更简单有效。

从思维导图的特点及作用来看，它可以用于工作、学习和生活中的任何一个领域里。

比如，作为个人：可以用来进行计划，项目管理、沟通、组织，分析解决问题等；作为一个学习者：可以用于记忆，做笔记、写报告、写论文、做演讲、考试、思考，集中注意力等；作为职业人士：可以用于会议、培训、谈判、面试，掀起头脑风暴等。

利用思维导图来应对以上几个方面，都可以极大地提高你的效率，增强思考的有效性和准确性以及提升你的注意力和工作乐趣。

比如，我们谈到演讲。

起初，也许你会怀疑，演讲也适合做思维导图吗？

没错！你用不着担心思维导图无法使相关演讲信息顺利过渡。一旦思维导图完成，你所需要的全部信息就都呈现出来了。

其实，我们需要做的只是决定各种信息的最终排列顺序。一幅好的思维导图将有多种可选性。最后确定后，将思维导图的每个区域涂上不同的颜色，并标上正确的顺序号。继而将它转化为写作或口头语言形式，是很简单的事。你只要圈出所需的主要区域，然后按各分支之间连接的逻辑关系，一点一点地进行就可以了。

按这种方式，无论多么烦琐的信息，多么艰难的问题都将被

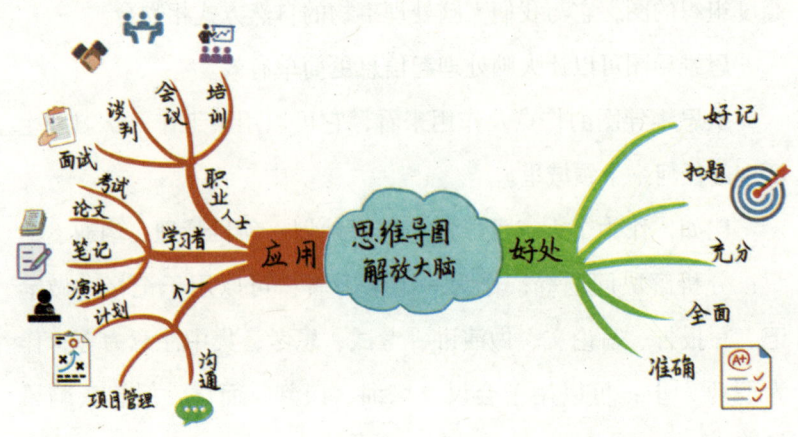

一一解决。

又如,我们在组织活动或讨论会时需要用的思维导图。

也许我们这次需要处理各种信息,解决很多方面的问题。当我们没有想到思维导图的时候,往往会让人陷入这样的局面:每个人都在听别人讲话,每个人也都在等别人讲话,目的只是为等说话人讲完话后,有机会发表自己的观点。

在这种活动或讨论会上,或许会发生我们不愿看到的结果,比如,大家叽叽喳喳,没有提出我们期望的好点子,讨论来讨论去没有解决需要解决的问题,最后现场不仅没有一点秩序,而且时间也白白地浪费了。

这时,如果活动组织者运用思维导图的话,所有问题将迎刃而解。活动组织者可以在会议室中心的黑板上,以思维导图的基本形式,写下讨论的中心议题及几个副主题。让与会者事先了解会议的内容，使他们有备而来。

组织者还可以在每个人陈述完他的看法之后，要求他用关键词的形式总结一下，并指出在这个思维导图上，他的观点从何而来，与主题思维导图的关联，等等。

这种使用思维导图方式的好处显而易见：

（1）可以准确地记录每个人的发言；

（2）保证信息的全面；

（3）各种观点都可以得到充分的展现；

（4）大家容易围绕主题和发言展开，不会跑题；

（5）活动结束后，每个人都可记录下思维导图，不会马上忘记。

这正是思维导图在处理大量信息面前的好处，在讨论会上，可以吸引每个人积极地参与目前的讨论，而不是仅仅关心最后的结论。

利用思维导图这种形式可以全面加强事物之间的内在联系，强化人们的记忆，使信息井然有序，为我所用。

在处理复杂信息时，思维导图是你思维相互关系的外在"写照"，它能使你的大脑更清楚地"明确自我"，因而更能全面地提高思维技能，提高解决问题的效率。

思维导图开发大脑潜力

你了解自己的大脑吗？

你认为自己大脑潜力都发挥出来了吗？

你常常认为自己很笨吗？

生活中，总有一些人认为自己很笨，没有别人聪明。但是他们不知道，自己之所以没能取得好成绩，甚至取得成功，是因为他们只使用了大脑潜力的一小部分，个人的能力并没有全部发挥出来。

现在社会发展速度极快，不论在学习或其他方面，如果我们想表现得更出色，那么就必须重视我们的大脑，让大脑发挥出更大的潜力。遗憾的是，很少有人重视这一点。

其实，你的大脑比你想象的要厉害得多。

近年来，对大脑的开发和研究引起了很多科学家的注意，他们做了很多有益的探索，也取得了很多新的科研成果。过去10年中，人类对大脑的认识比过去整个科学史上所认识的还要多得多。特别是近代科技上所取得的惊人成就，使我们能够借助它们一窥大脑的奥秘。

科学家们一致认为，世界上最复杂的东西莫过于人的大脑。人类在探索外太空极限的同时，忽略了宇宙间最大的一片未被开采过的地方——大脑。我们对大脑的研究还远远不够，还有很多未知的领域，而且可以肯定我们对大脑的研究和开发将会极大地

脑半球的分工
我们的逻辑思考和创造性活动分别由不同的脑半球控制。脑的左半球控制我们对数字、语言和技术的理解；脑的右半球控制我们对形状、运动和艺术的理解。

推动人类社会的进步。

　　那么，就让我们先来初步认识一下我们的头脑——这个自然界最精密、最复杂的器官。人脑由三部分组成：脑干、小脑和大脑。脑干位于头颅的底部，自脊椎延伸而出。大脑这一部分的功能是人类和较低等动物（蜥蜴、鳄鱼）所共有的，所以脑干又被称为爬虫类脑部。脑干被认为是原始的脑，它的主要功能是传递感觉信息，控制某些基本的活动，如呼吸和心跳。

脑干没有任何思维和感觉功能。它能控制其他原始直觉，如人类的地域感。在有人过度接近自己时，我们会感到愤怒、受威胁或不舒服，这些感觉都是脑干发出的。

小脑负责肌肉的整合，并有控制记忆的功能。随着年龄的增长和身体各部分结构的成熟，小脑会逐渐得到训练而提高其生理功能。对于运动，我们并没有达到完全控制的程度，这就是小脑没有得到锻炼的结果。你可以自己测试一下：在不活动其他手指的情况下，试着弯曲小拇指以接触手掌，这种结果是很难达到的，而灵活的大拇指却能十分轻松地完成这个动作。

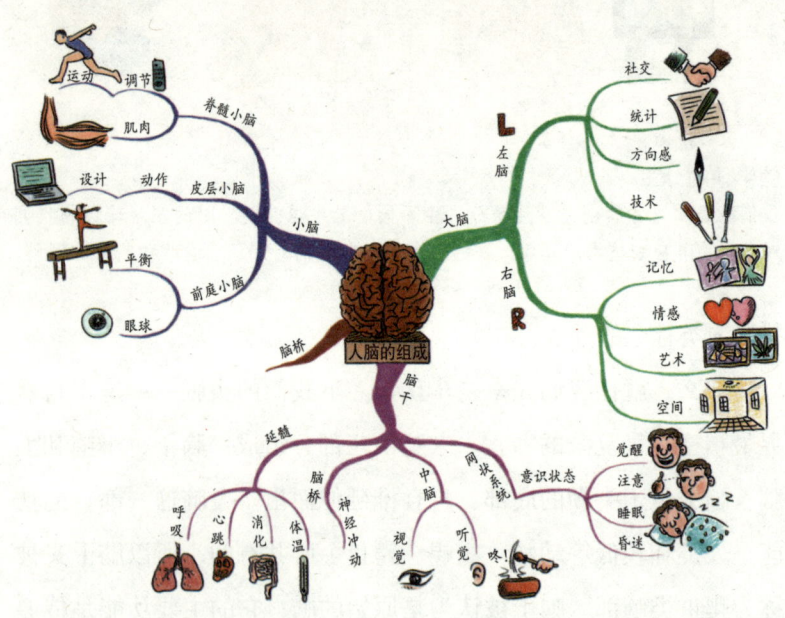

大脑是人类记忆、情感与思维的中心,由两个半球组成,表面覆盖着 2.5～3 毫米厚的大脑皮层。如果没有这个大脑皮层,我们只能处于一种植物状态。

大脑可分成左、右两个半球,左半球就是"左脑",右半球就是"右脑",尽管左脑和右脑的形状相同,但二者的功能却大相径庭。左脑主要负责语言,也就是用语言来处理信息,把我们通过五种感官(视觉、听觉、触觉、味觉和嗅觉)感受到的信息传入大脑中,再转换成语言表达出来。因此,左脑主要起处理语言、逻辑思维和判断的作用,即它具有学习的本领。右脑主要用来处理节奏、旋律、音乐、图像和幻想。它能将接收到的信息以图像方式进行处理,并且在瞬间即可处理完毕。一般大量的信息处理工作(如心算、速读等)是由右脑完成的。右脑具有创造性活动的本领。例如,我们仅凭熟悉的声音或脚步声,就可判断来人是谁。

有研究证明,我们今天已经获取的有关大脑的全部知识,可能还不到必须掌握的知识的 1%。这表明,大脑中蕴藏着无数待开发的资源。

如果把大脑比喻成一座冰山的话,那么一般人所使用的资源还不到 1%,这只不过是冰山一角;剩下 99% 的资源被白白闲置了,而这正是大脑的巨大潜能之所在。

科学也证明,我们的大脑有 2000 亿个脑细胞,能够容纳 1000 亿个信息单位,为什么我们还常常听一些人抱怨自己学得不好,记得不牢呢?

我们的思考速度大约是每小时 480 英里,快过最快的子弹头列车,为什么我们不能思考得更迅速呢?

我们的大脑能够建立 100 万亿个联结,甚至比最尖端的计算机还厉害,为什么我们不能理解得更完整更透彻呢?

而且,我们的大脑平均每 24 小时会产生 4000 种念头,为什么我们每天不能更有创造性地工作和学习呢?

其实,答案很简单。我们只使用了大脑的一部分资源,按照美国最大的研究机构斯坦福研究所的科学家们所说,我们大约只利用了大脑潜能的 10%,其余 90% 的大脑潜能尚未得到开发。

我们不妨大胆假设一下,假如我们能利用脑力的 20%,也就是把大脑潜能提高一倍的话,你的外在表现力将是多么惊人!

或许我们已经知道,我们的大脑远比以前想象的精妙得多,任何人的所谓"正常"的大脑,其能力和潜力远比以前我们所认识到的要强大得多。

现在,我们找到了问题的原因,那就是我们对自己所拥有的内在潜力一无所知,更不用说如何去充分利用了。

思维导图工具箱

思维导图是发散性思维的表达,作为思维发展的新概念,发散性思维是思维导图最核心的表现。

比如下面这个事例。

在某个公司的活动中,公司老总和员工们做了一个游戏:

组织者把参加活动的人分成了若干个小组,每个小组选出一个小组长扮演"领导"的角色,不过,大家的台词只有一句,那就是要充满激情地说一句:"太棒了!还有呢?"

其余的人扮演员工,台词是:"如果……有多好!"游戏的主题词设定为"马桶"。

当主持人宣布游戏开始的时候,大家出现了一阵习惯性的沉默,不一会儿,突然有人开口:"如果马桶不用冲水,又没有臭味有多好!"

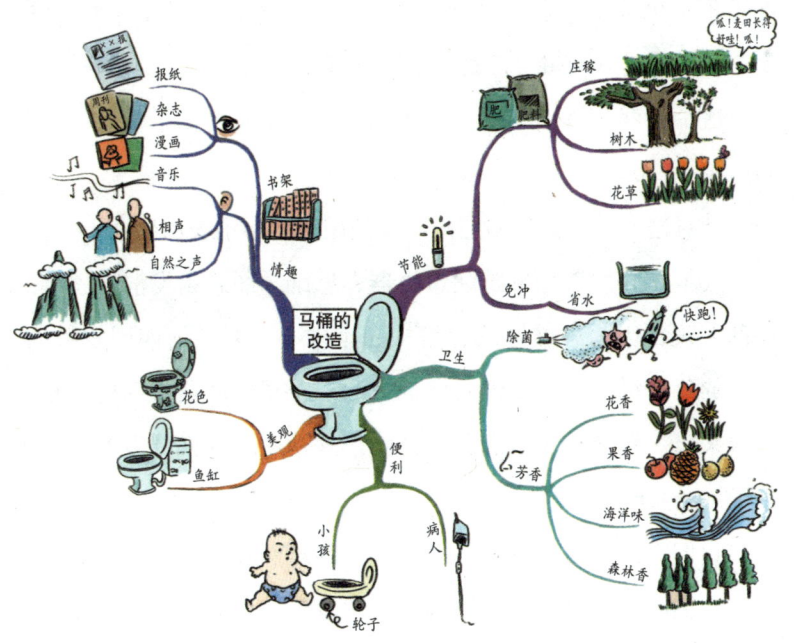

"领导"一听,激动地一拍大腿:"太棒了!还有呢?"

另外一个员工接着说:"如果坐在马桶上也不影响工作和娱乐有多好!"

又一位"领导"也马上伸出大拇指:"太棒了!还有呢?"

"如果小孩在床上也能上马桶有多好!"

……

讨论进行得热火朝天,各人想法天马行空,出乎大家的意料。这个公司的管理人员对此进行了讨论,并认为有三种马桶可以尝试生产并投入市场:一种是能够自行处理,并能把废物转化成小体积密封肥料的马桶;一种是带书架或耳机的马桶;还有一种是带多个"终端"的马桶,即小孩和老人都可以在床上方便,废物可以通过"网络"传到"主"马桶里。

这个游戏之所以获得了巨大的成功,便是得益于发散性思维的运用。

针对这个游戏,我们同样可以利用思维导图表示出来。

大脑作为发散性思维联想机器,思维导图就是发散性思维的外部表现,因为思维导图总是从一个中心点开始向四周发散的,其中的每个词汇或者图像本身都成为一个子中心或者联想,整个合起来以一种无穷无尽的分支链的形式从中心向四周发散,或者归于一个共同的中心。

我们应该明白,发散性思维是一种自然和几乎自动的思维方式,人类所有的思维都是以这种方式发挥作用的。一个会发散性思维的大脑应该以一种发散性的形式来表达自我，它会反映自身思维过程的模式，给我们更多更大的帮助。

尝试思维导图日记

如果有一天，让你用一种新奇的方式去写日记，你敢于尝试吗？

在这里，作为一种全新的、革命性的非线性思维工具——思维导图日记应运而生，它可以让我们根据自己的需要和欲望来管理自己的时间，而不是让时间管理我们。

思维导图日记可以用于安排计划自己的事情，也可以是对过去思想和感觉的回顾性记录。

思维导图日记既能利用传统日记的优势，又能弥补传统日记的不足，并使两者得到最完美的结合。

思维导图日记比标准的日记更有效率和效益。

思维导图日记，除了会使用到传统日记中的词汇、数字、表格、顺序和序列等以外，它还能把编码、色彩、图像、符号、幽默、白日梦、联想等全部都包括进去。

思维导图日记可以让你全面真实地反映自己的大脑，它不仅是一个时间管理方法，而且还是一个自我管理和人生管理方法。

思维导图可以从大的方面显示出年度计划、每月计划。那么，每日计划就可以在思维导图日记中体现出来。如果从理想的角度来说，你应该每天制作两幅思维导图日记。

第一幅思维导图日记可以提前安排当天的活动，第二幅可以用于监视活动的进展，同时也可以用来对一天进行回顾性的总结。

你在一天中做了哪些事，都可以用思维导图清晰地表达出来。比如，散步、阅读、会见朋友、去舅舅家做客等，这几个方面同时变成思维导图的几个分支，都是为了帮助你进行思考，梳理一天。

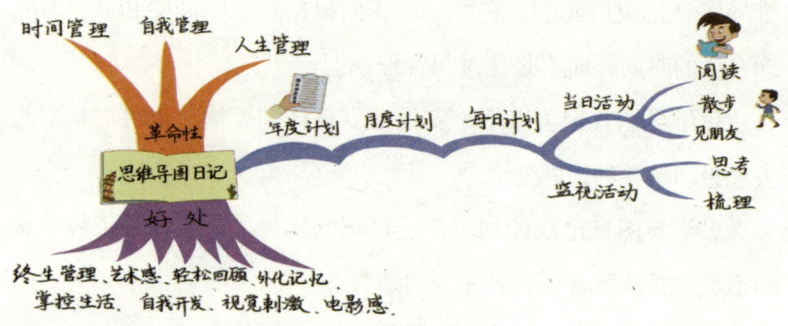

东尼·博赞总结的思维导图日记的好处主要有：

（1）让思维导图在不断发展的时候成为一个全面的终生管理工具，它让你随时可以安排和记录自己的生活；

（2）思维导图本身非常漂亮，当使用者技术提高时会更为吸引人——使用者最终会开始创作艺术作品；

（3）每年和每月及每日方案可以使一年的回顾轻松易得，因为它使用的是长期的交叉查询及观察方法；

（4）思维导图日记把每件事情都放在你一生的背景中加以考察；

（5）思维导图日记提供了一个几近完整的、外化的人生记忆核；

（6）它让你控制住生活当中对你最为重要的一些方面；

（7）这个方法，由于其设计特点，可以鼓励你自动地进行自我开发，并让你实现最终的成功；

（8）它使用到图形、彩色代码和其他的思维导图制作原则，让你能够迅速地获取信息；

（9）因为思维导图日记在视觉上更具刺激性，更漂亮，它鼓

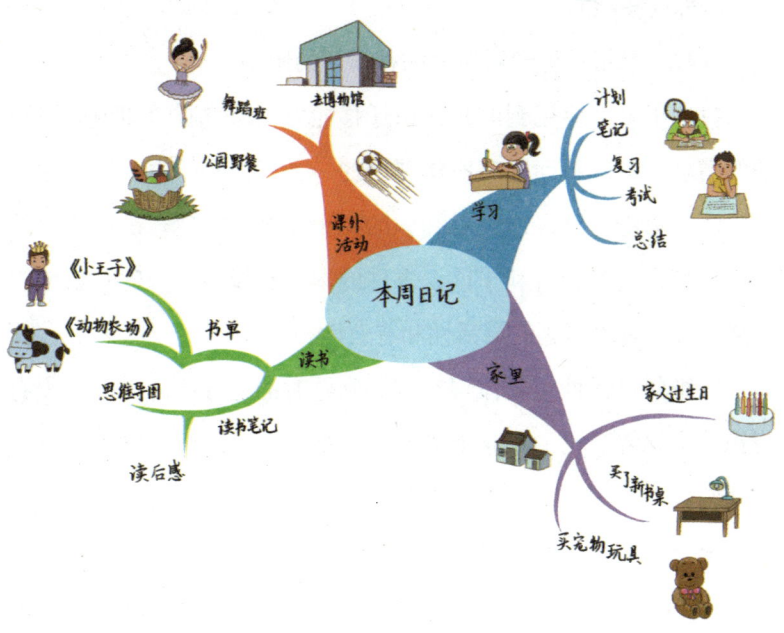

励你不断地使用它；

（10）用思维导图日记回顾一生时，就像观看自己一生的"电影"一样。

思维导图激活思维灵活性

灵活思维的好处是，当我们遇到难题时，可以多角度思考，有利于发散思维和集中思维，一旦发现按某一常规思路不能快速达到目的时，能立即调整思维角度，以期加快思维过程。

激活思维的灵活性，可以从下面3个方面入手：

培养迁移能力

迁移，是指一种学习对另一种学习的影响。

我们更多地要用到的是知识迁移能力，即将所学知识应用到新的情境，解决新问题时所体现出的一种素质和能力。形成知识的广泛迁移能力可以避免对知识的死记硬背，实现知识点之间的贯通理解和转换，有利于认识事件的本质和规律，构建知识结构网络，提高解决问题的灵活性和有效性。

思维的灵活性主要体现在解决问题时的迁移能力上，必须有意识地去培养自己的迁移能力，从而能够灵活地解决学习中的一些问题。

语文学习中，常常能遇到写人物笑的片段，比如《葫芦僧判断葫芦案》中的"笑"，《红楼梦》第四十四回中每一个人的

"笑",《祝福》中祥林嫂的"三笑",各自联系起来,分析比较,各自表现了人物的什么个性,同时揭示了什么主题;等等。

通过这种训练,可以使分析作品中人物的能力和写作中刻画人物的水平大大提高。

利用"一题多解"

这种方法在数学学习中经常使用,对"一题多解"的训练,是培养思维灵活的一种良好手段,这种训练能打通知识之间的内在联系,提高我们应用所学的基础知识与基本技能解决实际问题的能力,逐步学会举一反三的本领。

学会"一题多解"的思维方式,可以训练思维的灵活性,使自己在思考问题的起点、方向上及数量关系的处理上,不拘泥于一种方式,而是根据需要和可能,随时调整和转换。

大量阅读不同体裁的文章

文章是作者进行创造性思维的成果。一篇文章的创造性,主要体现在它的构思和语言的运用上,体现在文章的思想观点和表达方式上。

不同体裁的文章,也各有各的特点,就是同一体裁中的同一内容的文章,风格也是各异。

在阅读一篇优秀文章时,善于发现它们的不同,善于吸取它们各自的特点,对于训练自己的思维是有益的。

总之,多读各种不同的文章,既可以获得知识,又可以获得思维和写作的借鉴,可以从比较中学习到从不同角度观察事物、思考问题的方法,从而培养思维的灵活性。

培养思维的灵活性,要学会从不同的角度、不同的方向用多种方法来解决问题。要培养思维的灵活性,就要多动脑筋,加强学习,在实践中探索新思路、验证新方法,并及时总结、改进,就一定能增强思维的灵活性,提高思维的应变能力。

针对3种行之有效的激活思维灵活性的方法,用思维导图表示如下:

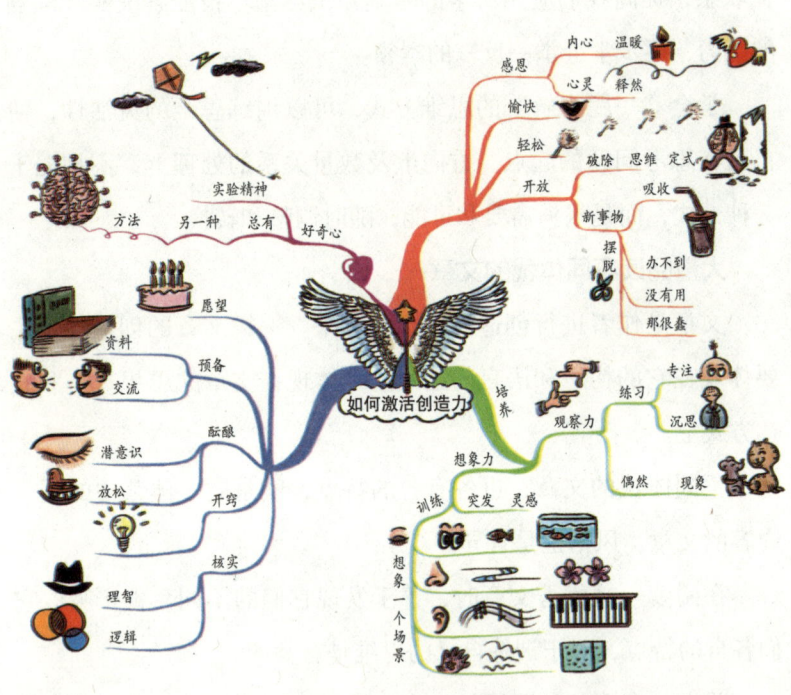

如何绘制思维导图

其实，绘制思维导图非常简单。思维导图就是一幅幅帮助你了解并掌握大脑工作原理的使用说明书。

思维导图就是借助文字将你的想法"画"出来，因为这样才更容易记忆。

绘制过程中，我们要用到颜色。因为思维导图在确定中央图像之后，有从中心发散出来的自然结构：它们都使用线条、符号、词汇和图像，遵循一套简单、基本、自然、易被大脑接受的规则。

颜色可以将一长串枯燥无味的信息变成丰富多彩的、便于记忆的、有高度组织性的图画，接近于大脑平时处理事物的方式。

绘制工具

（1）一张白纸；

（2）彩色水笔和铅笔数支；

（3）你的大脑；

（4）你的想象！

这些就是最基本的工具，当然在绘制过程中，你还可以拥有更适合自己习惯的绘图工具，比如成套的软芯笔、色彩明亮的涂色笔或者钢笔。

绘制步骤

东尼·博赞给我们提供了绘制思维导图的7个步骤，具体

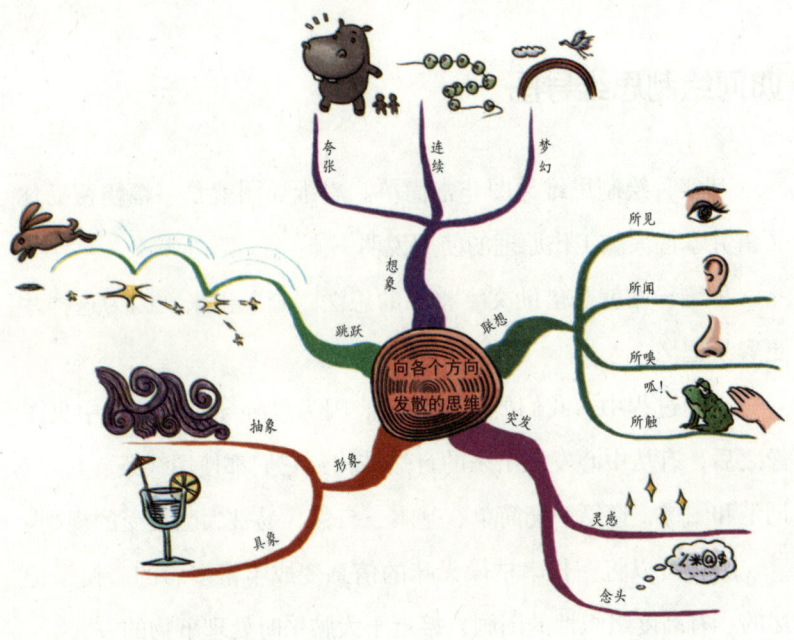

如下。

（1）从一张白纸的中心画图，周围留出足够的空白。从中心开始画图，可以使你的思维向各个方向自由发散，能更自由、更自然地表达你的思想。

（2）在白纸的中心用一幅图像或图画表达你的中心思想。因为一幅图画可以抵得上 1000 个词汇或者更多，图像不仅能刺激你的创造性思维，帮助你运用想象力，还能强化记忆。

（3）尽可能多地使用各种颜色。因为颜色和图像一样能让你的大脑兴奋。颜色能够给你的思维导图增添跳跃感和生命力，为你的创造性思维增添巨大的能量。此外，自由地使用颜色绘画本身也非常有趣!

（4）将中心图像和主要分支连接起来，然后把主要分支和二级分支连接起来，再把三级分支和二级分支连接起来，以此类推。

我们的大脑是通过联想来思维的。如果把分支连接起来，你会更容易地理解和记住许多东西。把主要分支连接起来，同时也创建了你思维的基本结构。

其实，这和自然界中大树的形状极为相似。树枝从主干生出，向四面八方发散。假如大树的主干和主要分支，或主要分支和更小的分支以及分支末梢之间有断裂，那么它就会出现问题!

（5）让思维导图的分支自然弯曲，不要画成一条直线。曲线永远是美的，你的大脑会对直线感到厌烦。美丽的曲线和分支，就像大树的枝杈一样更能吸引你的眼球。

（6）在每条线上使用一个关键词。所谓关键词，是表达核心意思的字或词，可以是名词或动词。关键词应该是具体的、有意义的，这样才有助于回忆。

单个的词语使思维导图更具有力量和灵活性。每个关键词就像大树的主要枝杈，繁殖出更多与它自己相关的、互相联系的一系列次级枝杈。

当你使用单个关键词时，每一个词都更加自由，因此也更有助于新想法的产生。而短语和句子却容易扼杀这种火花。

（7）自始至终使用图形。思维导图上的每一个图形，就像中心图形一样，可以胜过千言万语。所以，如果你在思维导图上画出了 10 个图形，那么就相当于记了数万字的笔记！

绘制技巧

（1）把纸张横放，使宽度变大。在纸的中心，画出能够代表你心目中的主体形象的中心图像。

（2）再用水彩笔任意发挥你的思路。

（3）先从图形中心开始画，标出一些向四周放射出来的粗线条。每一条线都代表你的主体思想，尽量使用不同的颜色区分。

（4）在主要线条的每一个分支上，用大号字清楚地标上关键词。

（5）当你想到这个概念时，这些关键词立刻就会从大脑里跳出来。

（6）运用你的想象力，不断改进你的思维导图。

（7）在每一个关键词旁边，画一个能够代表它、解释它的图形。

（8）用联想来扩展这幅思维导图。对于每一个关键词，每一个人都会想到更多的词。比如你写下"橙子"这个词时，你可以想到颜色、果汁、维生素 C，等等。

（9）根据你联想到的事物，从每一个关键词上发散出更多的连线。连线的数量根据你的想象可以有无数个。

绘制你的专属思维导图

思维导图就是一幅帮助你了解并掌握大脑工作原理的使用说明书，并借助文字将你的想法"画"出来，便于记忆。

现在，让我们来绘制一幅"如何维护保养大脑"的思维导图。你可以试着按以下步骤进行：

（1）准备一张白纸（最好横放），在白纸的中心画出你的这张思维导图的主题或关键字。

（2）主题可以用关键词和图像（比如在这张纸的中心可以画上你的大脑）来表示。

（3）用一幅图像或图画表达你的中心思想（比如你可以把你的大脑想象成蜘蛛网）。

（4）使用多种颜色（比如用绿色表示营养部分，红色表示激励部分）。

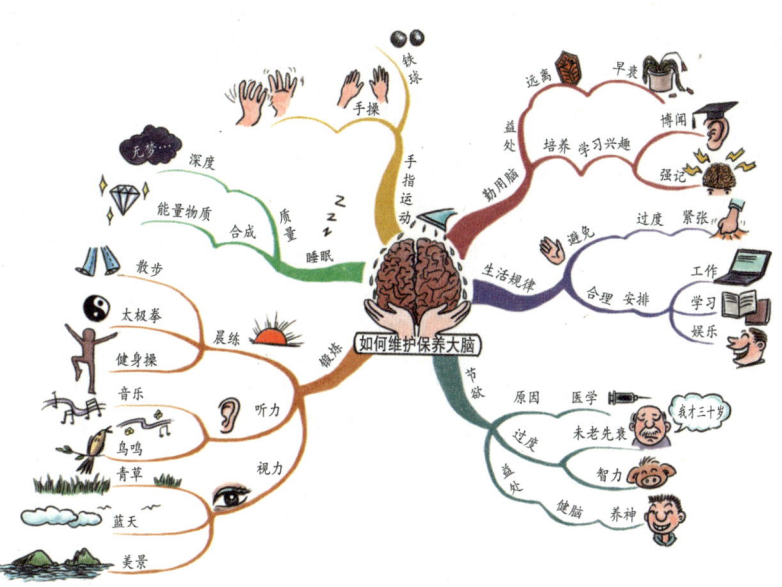

（5）连接中心图像和主要分支，然后再连接主要分支和二级分支，接着再连接二级分支和三级分支，依次类推（比如"营养"是主要分支，"维生素""蛋白质"等是二级分支，"维生素A""B族维生素""卵磷脂"等是三级分支）。

（6）用曲线连接。每条线上注明一个关键词（比如"滋润""创造力"等）。

（7）多使用一些图形。

好了，按照这几个步骤，这张思维导图你画好了吗？

第四章 大脑冲刺,稳拿高分的备考技巧

5 轮备考的复习技巧

一个人考试的成败在于备考，学习高手也不例外。实践证明在备考复习中采取 5 轮备考复习的技巧具有良好的效果：

第一轮：查漏补缺，夯实基础知识

这一轮要把以前在学习过程中的作业本、练习册、考卷、教科书等相关资料找出来，把原来做错的题、含糊不清的题、教科书理解不透的知识点都统计出来，以便采取办法予以纠正，完善知识体系，夯实基础知识。

在纠错过程中，绝不能在本上或卷子上一改了之，要先把它们按知识点的网络进行归类，让错题与相关知识点挂钩，并认真分析其错误原因，然后将错题与相关的知识点集中在一起。认真理解练习，直到攻下为止。

还可以对以上改正过出现的错题、含糊不清的题、做得不熟的题，连同相关的知识点，把它们按学科的章节，按知识体系分门别类，设专用纠错本，然后装订成册，形成错题集以备系统复习用。

第二轮：打好基础，强化基础知识理解能力

学习有"三基"，即基本知识、基本方法和基本技能。理科要对基本概念、公式、定理、定律、实验原理等要点内容掌握得准，记得住，用得活，同时还要对书中的例题、练习题、复习题进行强化训练，并发现问题，解决问题。文科则要全面理解、记忆基础知识和基本理论，并会联系课后思考题，进行引申思考扩展。

第三轮：抓好专题归类，提高系统知识解题能力

这一轮专题复习，总体要在老师安排下进行。通过老师精讲，考生多练，来提高自己的系统知识解题能力。

这种专题复习，涉及的知识往往要联系好几本书，甚至是曾经所学的知识内容，不过，这种新旧知识的衔接，对知识系统会起到很好的促进作用。

这类专题选择要准、要精，否则复习就要走弯路，多费时间。

第四轮：抓好综合训练，备战考试能力

综合训练量大，难度也大。但可按照考试大纲，梳理出教材中的相关知识点，按课本顺序把该学科的知识连接起来，做到全面、系统、深刻地掌握知识体系；在练习运用知识方面，要认真、全面、系统地整理过去所做过的题，力求找出解题规律。比如对以前做过的所有题，要学会分门别类，做到综合归纳并学会与知识点挂钩，也可以在自己情况允许的条件下，去挑选些与《考试大纲》相关的配套难题训练，通过做难题、攻难关的训练，既培养了自己对复杂问题的分析问题、解决问题的能力，也为升学考试攻难关打下个良好的心理基础，进一步开发了自己大脑的思维

能力与想象能力。

第五轮：做好知识梳理，回归教材，强化记忆

最后一轮复习是与考场考试能力相接轨的复习，应该安排在考前一个月进行，在这段时间里，应该注重知识梳理，将自己在前四轮完成的所有训练题和以前学习过的作业题，分科、分章、分单元及按知识体系整理出来，并有序地按学科摆放在书房内。

同时将自己本年级学习的教材备齐，有些科教材内容要延伸到上个年级，认真理解书中知识点的内涵与外延。

这一轮复习，是备考的总攻阶段，任务艰巨，一定要注意科学用脑，提高备考效率，减轻学习压力，要做到劳逸结合，该学

的时候，集中精力去学；该玩的时候就去玩，保证身体健康。同时膳食结构要合理，做到学习轻松自如，心情愉快，保证有个好身体，做到高高兴兴地学习，乐乐和和地备考，扎扎实实地去迎考。

最后，抓好考前20天的实战"演习"。这20天要做到五接轨，即考试心态接轨、做题方法接轨、考试技巧接轨、做题的准确率接轨与做题的速度接轨。

这期间，各科要按照正式考试的相同时间安排去做题，每科隔一天做一套模拟题及本科目在复习中查出的不熟练的题。此外，再不要加额外题量，以保证备考质量和效果。

数学的5种备考技巧

数学备考一般有5种备考技巧，具体如下：
1. 稳扎稳打，夯实基础
数学复习过程汇总一定要夯实数学基础。考试要想取得好成绩，不仅取决于扎实的基础知识、熟练的基本技能和过硬的解题能力，而且取决于临场的发挥。还要注意知识的不断深化，注意知识之间的内在联系和关系，将新知识及时纳入已有知识体系，逐步形成和扩充知识结构系统，这样在解题时，就能由题目所提供的信息，从记忆系统中检索出有关信息，选出最佳组合信息，寻找解题途径、优化解题过程。

2. 注意方法

学习数学，要注意用好方法，比如多做题、多思考、多交流、多积累。多做题可以帮助你重温学过的各种基本公式，更能帮助你接触多种题目类型，使你能在考试中见到题目时不至于重新思考。多思考、多提问也是有效提高数学成绩的方法。

3. 学贵在思

遇到难题时，克服它的最好的办法就是用心思考。善于思考的同时，还要有一颗恒心，迎难而上才是对待难题的正确态度。

4. 不放过每一个问题

有问题最正常不过，只要把问题一一解决，才是学习高手应该做到的。千万不要不懂装懂，积累问题。应该边学边问，有问题就主动发问，积极解决。

5. 利用考前一周

考试前一周，重点可以放在"反思、温故、查缺补漏"上，回顾一下以前练习过的习题，浏览一遍之前做过的试卷，尽量不要再做难题和新题，让自己放松下来。

很多人不喜欢做数学习题，其实是一种错误。做数学练习题是为了加深对数学知识的理解，形成熟练的技能，发展思维。

做数学练习可以"四步走"：

（1）读。

读题可以针对所有类型的数学题。既可以默读，也可以朗读，计算题可以变换方法读，如"182+58"可读成"182加上58"，也

可以读成"182 与 58 的和是多少",或者"比 182 大 58 的数是多少"等等。

读题的好处是,可以将计算的实际意义揭示出来,对于文字题与应用题则要分清轻重缓急,关键词语重读,易忽略的地方拉长声读。对于有些叙述烦琐的题目,先辨出主干,以分清数量关系。

(2)说。

试着说出自己的解题思路和解题步骤,可以先说容易的,比如与例题相似的题目,然后逐步加深理解程度。同时,还可以从其他角度来思考这些问题。

(3)找。

针对不同的题型可以采取不同的方法：对于计算题要找出计算顺序、题目特征；对于应用题要找出已知条件与要求的问题；对于较复杂的混合运算题可在运算符号下面标出计算顺序；简算题可在题目下面标出表示有关运算定律的字母；应用题的已知条件与要求的问题尽量做到用图表表示出来；分数应用题、行程问题都要逐步训练自己用线段图表示出条件与问题，不便用图表表示的题目则最好在已知条件与要求的问题下面画出不同的线条。

(4)算。

一道练习题计算结束后，可以进行比较，找出题与题之间的异同处，同时，还可以与以前学过的知识联系起来比较，也可以结合新课的预习思考与已经掌握的知识之间的联系，以及可能对自己的帮助，等等。

语文的5种备考技巧

对于要面临考试的同学来说，语文是重中之重，在备考过程中最重要的就是复习，一旦复习得当，在考试中就容易得高分！

在这里，考语文有5种复习技巧：

1. 计划性

对复习而言，最宝贵的就是时间，学会计划自己的时间，让每一分钟都体现出特有的价值。那么,就必须科学地安排好时间,确立每天的学习目标,符合自己的实际情况。

2. 复习最基本的内容

复习切忌为难自己,找那些偏、难、冷的题做,应温习那些最基本的知识点,以课本为主,可采取边看书边做题边总结思考再看书的方式,以加深记忆印象。

3. 平时多演练

复习中可以多做一些类型题,还可以对近几年的考题进行系统的研究,掌握答题的思路和技巧,把题中涉及的知识点,作为你演练的参考。学会深入思考、摸索规律、把握方向,尽可能找到适合你自己的答题方法来。

4. 抓住得分点

在复习时间有限的情况下，可以考虑有所侧重，把抓住得分点作为主要目标。不能再追求完美、面面俱到。只有及时查缺补漏，才能增加得分点。

5. 适时心理调节

备考紧张是一种正常现象，如果过于紧张，就一定要注意心理调节。首先要注意克服厌烦心理。不管备考多么无聊，都要坚持下去，坚持就是胜利；其次要经受住挫折。或许你觉得已经很努力，也自我感觉良好，但在模拟考试或练习的时候却没有考好，这时，你很容易迷茫，丧失信心。及时安慰自己很重要。

最好要有自信心。在高度紧张的复习状态下，有时你会觉得看的书、做的题越多，自己不会的东西反而越多。其实这也是正常现象，只要自己不怀疑自己，坚持下去，认真对待，找到适合自己复习方法的同时，树立起自信心，就一定能发挥出你应有的水平，赢得语文考试的胜利。

英语的 4 种备考技巧

备考英语也有 4 种技巧。首先见思维导图：

1. 先过心理关，消除紧张

其实，适度的紧张可调动人的积极性，激起自身的潜能和更多的智慧，但不宜过分紧张，应该调整好自己的心态，把备考当作检测自己学习水平的一次机会。

2. 科学制订计划

备考英语，切忌打"疲劳仗"。当我们感到压力大或疲劳时，应调整一下学习节奏，可以听听音乐，散散步，不要一味地消磨时间，那样往往使人心情烦躁，做起事来也难取得好的效果。

3. 均衡饮食

补充营养很重要，特别是大脑的营养供给，切忌打乱正常的饮食规律，切忌搞突击补养，增加紧张气氛。

4. 安抚情绪

保持畅快的心情，进行积极的自我暗示，增强自信心，平时多听一些振奋人心的音乐，都有助于提高自信心，安抚情绪。

化学的4种备考技巧

化学是一门独特的学科，它与我们的日常生活息息相关，平时学习我们可以从身边熟悉的现象入手，及时发现问题、展开探究，加深对化学知识在生活中应用的认识。对于备考化学具体有4种技巧：

1. 回归课本

总的来说，备考重点应放在掌握基础知识上面，所以，我们在复习中不要再纠缠难题，要调整自己的状态，不打"疲劳战"。回归课本是调整状态的一个好办法，我们可以将学过的知识点归纳整理，串联起来，做到心中有数。考前一个月进行重难点内容强化训练，打牢基础知识。

2. 做好复习计划

备考过程中，可根据自己学习的实际情况，分清知识点难易程度，根据考试倒计时间，按每日、每周、每月做出复习计划，并按计划严格执行。

3. 做好考前三轮安排

第一轮：按章节复习。

即按教材的先后顺序，从头至尾理解每一课内容，然后把老师课堂上强调的一些基本概念、基本原理、基本定律、课堂实验彻底弄懂，对以前没有掌握好的知识，要结合教材、结合笔记利用这一轮复习进行补漏。这样复习可以强化基础知识。

同时，还要记牢每单元的知识要点，对每单元小结的具体习

题再次进行演练,看是否能达到快与准。

第二轮:分块复习。

分块复习能够提高系统知识解题能力。可对知识进行归纳总结,形成知识体系,为综合复习夯实基础。

第三轮:综合复习。

综合复习,可直接提高考试能力。通过前两轮的复习把知识连成网络,并有针对性地强化基础知识,掌握练习题的分析、归纳、推理、演绎过程,选择有针对性的题目练习,这样综合复习能力会不断提高。

4. 学会灵活记忆

化学考试面广、知识点多、很多东西不便记忆,如元素符号、化合价、化学式、金属活动性顺序表等。在学习中改进记忆方法,加强记忆方面的训练,可提高记忆效果。比如,元素符号有20多个,可以分散记忆,先记几个常见的如:氢H,氧O,碳C,氯Cl,钠Na,镁Mg,铝Al,氦He,氖Ne,硫S等,其余的以后学到了再背。

背的同时,还应该在用中加深理解、在理解的基础上记忆,才能记得更牢、灵活运用。另外,还可用图表记忆、对比记忆、数字记忆、规律记忆、浓缩记忆、联想记忆等方法,把枯燥的化学知识趣味化,这样就能记得清,记得牢。

物理的5种备考技巧

物理备考有5种技巧：

1. 充分准备，保持自信

考前，越是准备得充分，越能保持必胜的信心。研究表明，自信能让人保持稳定的情绪和大脑的适度兴奋，提高效率。但我们在知识、能力等同的条件下，谁自信和准备充分，谁就能在考试中发挥更好，取得理想成绩。

考前除做好复习工作之外，还应该准备好考试用具、证件和茶水等，以免因未带证件、文具影响了考试。同时，应提前15～20分钟到达考场。当然，也不要过早到达考场，因为长时间的等待也让人焦虑，会影响情绪。

2. 制作知识结构图

备考期间，如果能依照课时以思维导图的形式整理出知识的网络和组成学科内容的知识结构图，把各章之间的链接找到，把考查的热点、难点、重点都整理出来，将提高备考效率。

3. 仔细审题，切勿马虎

仔细读题的一个关键因素是抓关键词。审题一般是采取读题的方式，抓住题中的关键词和数据，挖掘隐含条件，排除干扰因素，寻找突破口。对于比较复杂的题目，审题时可在题目的关键词语下边做标记、画线（注意不要太明显），对于简单明了的题目，审题时可只看一遍即答题；一般的题目至少要看两遍，先阅读一遍，再带着问题读一至两遍。遇有文字及插图觉得很熟悉的题目，要看清题意，防止已知问题有改变。

同时，用好草稿纸，可边审题边画图思考、分析。审题时，涉及有过程、要演算且情景较复杂的问题，一定要使用草稿纸帮助分析。要边审题边在草稿纸上画图分析，这样容易建立直观的图景，从而获得灵感，利于问题的解决。很多题目往往是在画图时，得到解题的灵感和方法的。

4. 把握热点板块

在物理学中，知识点包括力、热、声、光、电五大部分，如果我们能规划好每一章的知识点，找出考试出题的热点、连接点和间接的切入点，然后通过直击热点，使知识板块进一步巩固。

5. 练习准确审题

审题时，要多读题，理解清楚题意，提炼出有用的信息。解答时，要联系学过的知识，多角度思考，能做一步算一步，争取得分。先通读试卷，做到对整卷的难易题的分值有所了解，然后从简单题入手，把不会做的或一时做不出来的题放在后面，最后再回头认真研究。

物理试卷审题时，还应考虑所用的物理概念、规律、公式；分清题目条件和隐含条件、弄清楚题目属于哪种类型。备考时只要用心学习、掌握科学的复习方法，物理应试一定会考出高分。

第五章

大脑放松,从容应对的考前心理调节术

考试——勇敢者的游戏

考试对于学生是平常的事情，如果没有考试，你就很难知道自己比别人好在哪里，差在哪里。我们只有在和别人的比较中，才看得到更清楚的自己，才可以查漏补缺。甚至没有了考试，我们自己都会迷失，我们都不知道现在和过去比是进步还是倒退了！

在著名的《格林童话》里，有很多勇敢者的故事。这些英雄似乎从不知道什么是害怕，无论面对巨人还是魔鬼，都毫不畏惧，什么样的困难都能克服，正因为他们"勇敢"，头脑冷静，在危急时刻总能想出很多办法来，把平常积累的功夫充分发挥出来，所以他们的运气反而比胆小鬼好得多。

"灵机一动，计上心来。"只有勇敢者才能做到，胆小鬼早就吓得心慌腿软，浑身发抖，甚至逃之夭夭了。

当你面对考试的时候，会像你喜欢的英雄一样，勇敢地面对和破解试卷上那种种唬人的圈套吗？

不怕考试，就要用平常心来练好学习的平常功。

平常功练得怎样就反映在你的考卷中。在考试中得到的教训，是比分数更重要的财富。一张考卷，全面反映了一个学生的学习状态：思维特点、学习习惯、学习方法，课堂听讲状态、应考技巧……

送给你一个小故事：

意大利小提琴家帕格尼尼，其高深的琴技受到人们的称赞。

有一天在音乐演奏会上，一位听众以为他的琴是特制的，才会演奏得这样好听，便要求看看他的小提琴。检查之后却发现跟一般的琴没什么两样。帕格尼尼看出他的心事，便笑着说："老实告诉你，随便什么东西。只要上面有弦，我都能拉出美妙的声音。"

那人便问："皮鞋也可以吗？"

帕格尼尼回答："当然可以。"

于是那人脱下皮鞋，递给帕格尼尼。帕格尼尼接过皮鞋，在上面钉了几根小钉子，又装上几根弦，便拉了起来，皮鞋在他手上，竟也发出了小提琴一样的美妙旋律。

帕格尼尼就这样轻松地通过了用"皮鞋演奏"的"考试"，证明了自己的才能。

考试即将来临时，是不是有一种"山雨欲来风满楼"的感觉？其实，完全没必要让自己如此紧张，考试对于我们每一个人来说，只要把自己最精彩的写在试卷上，给我们的老师检查，这就已经足够了。

考试之前有准备

有的同学学习水平本来不低，但对精神压力的承受力很差，他们平时学习时发挥得很好，可只要一考试情绪就紧张，自控力差。有的同学说："只要一看到试卷，手就发抖。"所以总考不出应有的水平。

有的同学学习水平本来就不高，对自己能考好又没有信心，由于各种原因，总怕考不好，一上考场就紧张万分，结果连原有的那点水平也难以发挥出来。

还有的同学知识和能力水平较低，但心理因素较好，情绪稳定，自控力强，因此能把自己的水平在试卷上充分反映出来。当然，也有的学生对考试、学习满不在乎，被动地参加考试，他们没有思想负担，发挥得也不错，不过由于他们的知识和能力水平太低，尽管发挥得不错，但考试成绩仍然不好。

可以说，要想提高知识和能力水平，主要靠平时的努力。临考前或进入考场后，再想提高知识和能力水平就很困难或不可能了。

这时的关键问题是什么呢？是把自己已有的知识和能力水平充分地发挥出来。这时心理因素和方法因素对考试的成败就起了决定性的作用，因为它们的可变性较大。

如果把知识和能力水平按 10 分计算的话，那么一个只有 7 分水平的学生，由于他的心理因素和方法因素好（情绪稳定、意志顽强、答题方法科学等），在考试时就可以把自身的 7 分水平真正地发挥出来，甚至可以超水平地发挥。而另一个有 9 分水平的学生，在考场上因情绪波动大，意志薄弱，心慌意乱，最后可能只发挥出 6 分的水平。结果平时学习水平低的学生在考试时却超过了平时学习水平高的学生，这种现象在学生当中很普遍。每当这时，平时学习成绩好的学生就用"考试失常""没发挥好"来安慰自己。

面临考试，应该做些什么准备？

要想到，正是为了参加考试，才促使自己下决心认真进行了一次系统复习，从而使自己在知识的掌握上比过去更加完整、巩固和系统。有的学生在总结中写道："考试的意义在于复习。"这种认识很有道理，应当说，很多学生搞系统复习应当感谢"考试"。实际情况也是这样，知识掌握得究竟怎么样，需要在定期的考试过程中，通过独立解决问题来检验。考得好，就会促使自己进一步努力学习；考得不好，也会促使自己认真分析原因，找出自己在学习上存在的问题，从而进行及时的调整，以改变现状。至于老师，则可以从考试中发现教学中的问题，以便调整教学计划并对学生进行针对性更强的帮助。

优秀生正是认识到了考试的这些积极作用，才对考试采取了一种积极的态度。而有的学生认识不到这些，他们对考试抱着一种消极甚至抵触的情绪，抱怨考试把自己搞得像热锅上的蚂蚁，造成自己在考前的坏情绪，这种坏情绪给自己埋下了失败的种子。

考试本身就有一定的紧张度，再想到老师和家长的期望，想到自己的社会责任，在考试期间就使自己产生了很大的精神压力。这时，重要的是自己不要再给自己施加压力了，因为在难以承受的压力下是不可能考出好成绩的。要善于在临考前给自己减轻压力，怎么减压呢？

1. 临考前不要去想考试成败

临考前，不要老是想只能考好，不能考坏，考好了自己将如何如何，考坏了又将怎样怎样。

考试的后果应在平时学习时多考虑，因为，那时考虑才有可能促使自己改变学习状况，而平时的学习水平才真正决定着考试的成败。在临考前总去想考试成败对自己的影响，必会增加不必要的精神负担，使自己在考试前处于一种高度紧张和兴奋的状态之中。在这种紧张兴奋的状态下，常常表现出对自己的学习一百个不放心，以至于一会儿看看这些知识，一会儿又看看那些内容；自己明明记住了的东西却又不放心，还非要去看一下不可。疑神疑鬼，神经过敏，吃不好，睡不安，使得大脑的神经细胞越来越疲劳，等到进入考场时，大脑就可能正处于最糟糕的状态，哪能百分百地考好呢？

综上所述，在临考前不要去想考试的成败问题，实际上，此时想这些不仅对考试无济于事，反而有害。

2.临考前要想好万一考不好的"对策"

期中考试前要想，万一考不好，后半学期再努力，争取期末考好；期末考试前要想，万一考不好，假期抓紧补习，争取下学期追上去；高考前要想，万一考不好，明年再考或者在工作后走自学成才的道路。这么向前看，既有了考不好的思想准备，又有了最积极的对策和出路，精神压力就会小得多。

3.临考前对自己的期望要实事求是

有的学生在考前给自己提出了努力的目标，这是一件好事。问题是提出的目标往往高于自己的实际水平，由于期望的目标不切实际，在考前给自己带来的只会是精神负担，而考后给自己带来的则是失望和烦恼。每个学生都应当认识到学习水平的提高需要经过一个循序渐进的过程，需要经过长期的努力。而影响学习效果的因素又是那么多，所以，每次考试前，对自己的期望一定要实事求是。如果期望切合实际，经过努力，取得了进步，才容易获得成功的喜悦；期望不切合实际，经过努力，虽然实际上进步了，但感受到的仍然是挫折。

4. 正确对待外来的压力

临考前，有的家长总喜欢给自己的孩子施加压力，说什么"考不好就不要进家门"，什么"再考不及格假期哪儿也不许去"，什么"进不了前十名别来见我"……碰到这种情况，一方面要体谅父母望子成龙的心情，不要和父母顶嘴、吵闹，以免使自己的情绪受到更大的影响；另一方面要检查自己存在的问题，看看平时在学习态度上是不是存在着让家长不满意或不放心的地方。如果一个学生在学习上能够严格要求自己，学习勤奋，尊敬家长，就是没考好，家长一般也不会说出上面这些话的，而且还会尽力安慰和帮助自己的孩子。

考试期间，脑力劳动的负担是很重的，因此，在考前和考试期间一定要休息好，注意用脑卫生。

5. 临考前要减轻学习负担

这时应主要看看自己整理出来的复习笔记，加工整理后的习题、试卷，目的是熟悉一下学习过的知识，起到考前的"热身"作用。

临考前，绝不要再去开辟"新战场"，不要再做什么难题。有的学生临考前抓了一两个难题，可"面"上的东西却全丢掉了，结果导致考试的失败。

6. 要保证充足的睡眠

在整个复习期间一定不要开夜车或开早车，如果平时睡眠不足，生活规律混乱，那么在考试之前一定要调整过来。如果不调整过来，就是想早睡也睡不着。有了充足的睡眠，在考场上才会有清醒的头脑，才会有良好的思维效果。开了夜车的学生在考试后回忆说："平时明明会的公式、定义，在考场上就是想不起来了，看着题目发呆，脑子发木，头脑不清醒，一头雾水。考试前开夜车真吃亏。"考试特别需要用脑，而考试前却不让大脑休息，这怎么行呢？

有多少平时在学习上占绝对优势的学生，因为在考试前开了夜车，一下子使自己的优势变成为劣势。开夜车的学生不能说学习不努力，但这种努力违背了用脑的科学规律。

考前睡得太早，会因为睡不着或睡眠太多而早醒而带来新的烦恼和问题；考试前玩得太累，也会因为过度疲劳而影响考试成绩。所以，考试前过劳或过逸都不好。

为了考试期间能安心睡眠，准备闹钟或请人叫一下也是必要的。起床时间离考试时间不要太近，起床以后活动活动，让头脑有个从抑制到兴奋的转化过程，刚睡醒就赶到考场，大脑兴奋度较低，对考试往往也不利。

7. 要适当进行文体活动

临考前,由于高度紧张,不仅需要充分休息,而且需要开展适当的文体活动。有时,躺下来休息一会儿,闭目养神,到室外散步,仍然难以将开动的脑子停止"转动",头脑中仍然摆脱不掉对学习问题的思考,怎么办呢?最好的办法是进行文体活动,如打打球、弹弹琴、吹吹笛子、听听音乐。一个学生在打球、弹琴、吹笛子时,总不能再考虑什么学习问题,这样就可以使大脑得到积极的休息。

至于那些仍然需要动脑筋思考的活动,如下棋等,临考前还是不去玩为好。

8. 准备工作要仔细

考试期间,由于紧张,经常出现丢三落四的情况。有的学生到了上车的时候,才想起忘带月票;有的学生进了考场,才想起忘带钢笔、三角板、圆规;至于重大考试,忘带准考证的现象也是屡屡出现。这样的事情一旦发生,便会加剧考生的紧张心理,并且会直接影响考试的效果。为了避免上述情况的出现,可以把每天上考场要带的用具写在一张卡片上,去考场前逐项检查一下,以保万无一失。

愉快的考试入场方法

刚进入考场的那一瞬间,最容易使人思想紧张;进场后的前一会儿时间,由于严肃气氛也容易使人产生紧张和不安,这都是正常现象，不必为此而担心。进场时的精神状态、动作表情、仪表姿态都代表着个人的自信心，因此，进场时首先要从精神上和心理上强于别人，从气氛上胜于他人。要想迈好第一步，打好第一战，就必须注意以下10点：

1. 告诉自己放轻松

这时可采用平时自己喜好的放松方法放松自己。比如，闭目深呼吸几次，伸展四肢转动腰，目视远方活动四肢，在两耳前的凹窝处轻轻揉压几下，使兴奋的心情平静一些。

2. 先行一步入考场

先进场，就表示你捷足先登，像东家，似主宾，从心理上占了优越感。更主要是早一点入场，对考场的气氛、大小、光线、位置都有比较好的了解，对场内有关规定的情况会或多或少地能先知道一些，心理上就先有一分准备。如果最后入场，全场的许多目光注视着你，而且又要慌慌张张找座号，容易引起紧张。

3. 进场气势很重要

无论进入考场有多方便的侧门、启门或其他途径，你都不要去走，一定要由正门进入考场。当你雄赳赳从正门迈进考场时，似乎你已经是胜者，从心理上讨了吉利。

另外，从正门进入考场，首先能看到学校或考场的招牌，在精神与心理上又是一个巨大的鼓励。

4. 坦然自若是赢家

往考场迈入时，要全身轻松自如，挺胸抬头，目视前方，面

带微笑,雄赳赳地走到自己的座位前坐下,让人觉得你就是赢家,是胜者。

5. 信心十足做第一

坐在考场里,也要表现出轻松自然,乐观自信,信心十足,在内心对自己说:"这里我最棒,比谁都强!"但是又要保持点紧张严肃,头脑里始终紧绷着"不太容易对付"那根弦。

6. 心理紧张很正常

进入考场后,绝大部分同学会出现应激性的生理反应,如心跳加快、手心出汗、手指发抖,重者可出现胸闷、头皮发紧发麻、出冷汗等现象。遇到这种情况,根本用不着过多担心什么"完了""考不好啦"等顾虑。要暗示自己:"这是正常的生理反应,很快就会过去,不必担心。"只要这样想,症状很快就会消失。或轻轻咬一下嘴唇,再深深吸几口气,症状也会随之消失。这种症状只要你自己不想它,别管它,它就会自然消失。如果你越担心害怕地想着它,它就越缠住你不放。其实这种症状不会影响考试。

7. 我有耐心有自信

进入考场后,还需要等待一些时间才能开卷答题,这个时间不要着急,学会耐心等待,并在内心告诉自己:"不用急,考试还有一会儿时间,马上就要大显身手啦!"趁这时可以熟悉一下周围的环境和身边的同考者。这种耐心的等待,可以使考试者在兴奋中更加从容、更有信心、更有把握。

8. 做题前工作要做好

考试铃响,当考卷发下来后,先心平气和地打开试卷,接着看一下试卷的说明,了解一下共有多少张考卷,然后数一数自己的考卷,看看是否相符。如果不相符,要立即向监考人员声明,以及时得到考卷。比较正规的考试,试卷首页都印有关于本学科或本试卷的答题须知及考试说明。另外,此时还要注意认真听取监考老师关于考场规则或试题解答要求的补充说明。

有时试卷印刷有误,老师也会利用这段时间进行试卷校对。有些同学往往不注意这些,直到考试中途才发现问题,到那时再来改正,麻烦的事情就多了。因此,考试开始时,首先应明确本次考试的要求和试卷要求。

9. 必填信息勿遗漏

当查对完试卷和明确本次考试的要求后,首先要做的第一项工作就是填写卷头。填写卷头时,要用正楷字填写,将自己的姓名、考号准确无误地填写在答卷头上。值得提醒注意的是：上面要你填什么就填什么，没有要求的一定不可多写，以免被人误认为是你在考卷上做记号。这项工作一定要在考试开始时完成，不要放在最后，放在最后容易漏写。

10. 卷头工作要细心

如果是标准化考试，一定要按要求认真涂抹好考号和科目代号，不能马虎。如果涂抹错了，卷面的成绩将无法归入你的名下。涂抹时浓度不可太淡，浓度淡了机器容易漏读，但是也不可太浓，太浓了会形成发亮的镜面反光，机器也容易读错。这项工作一定要在考试开始前完成，千万别放在最后，放在最后很容易漏掉。

当你做完以上事情，再集中精力进行下一步的考试工作，就会顺利多了。以上10件事做好了，第一步棋就算走好了，也等于你打好了第一仗。

考试前的心理按摩

对于考试来说，成绩的好坏与考试心理有直接的关系，介绍一套考试前的心理按摩术，从不同的角度，为你的心理按摩，帮你放松，为你解决好考试心理紧张的各种问题。

1. 饮食法

多吃一些如草莓、洋葱、柑橘等富含维生素C的食物，有直接减轻心理压力的作用。

2. 活动法

适当运动,在学习间隙多做一些活动,通过娱乐的方式来舒缓一下自己紧张的神经。

3. 转移法

不要总想考试的事情,可以想一首歌,想念一个我们远方的亲人,转移一下我们的注意力。

4. 睡觉法

充足的睡眠,能保证精力充沛、心理的宁静。可以闭上眼睛,想象有一只可爱的猫咪,在阳光下舒展四肢,懒洋洋地躺在草地上……

5. 自信法

鼓励自己,这个阶段确实努力了,考试一定会发挥出"平常功"!每天早上和睡觉前,都对自己微笑。对自己说"我真棒"!

6. 深呼吸法

进入考场后,如果觉得紧张,就深深地吸一口气,把肚腹鼓起来,再缓缓地呼出去,你会觉得心跳不那么快了,身体也舒服了。

7. 听音乐法

听一听我们平常最喜欢的音乐,告诉自己,这其实和平时没有什么不同。

克服怯场

一般的怯场表现为临场情绪紧张、面红耳赤、心慌、出汗以及回忆和思考出现不同程度的困难。严重的怯场也叫晕场，会大大影响考试，甚至中断考试。

一般来说，怯场的原因大致有以下几个：

首先，怯场往往与学习基础不扎实、学习信心不足有关。由于对考试的成功期望过高，或者极怕出现由于失败而产生的不良后果，心理上承受着巨大的压力，神经系统对刺激的耐受力差，尤其是那些娇生惯养怕困难的学生，那些在考前开夜车、过度劳累的学生，往往神经系统更加脆弱，经受不起强烈的刺激。

其次，考场上出现了意外情况，而对这些意外毫无思想准备。例如，突然发现看错了题，少做了题；检查时发现了不少差错；身体出现了点毛病；因迟到耽误了考试时间等，这些意外都会成为恶性刺激。

最后，这些刺激都通过对考试成败的夸大认识而起着恶性循环的作用，使紧张情绪愈演愈烈，直到出现怯场现象。

就上述情况看，应该采取一些积极的措施，调整心态，预防怯场。

（1）要正确认识考试的意义，尤其是在考场上不要去想考试成败会带来什么结果，而要把主要精力放在解题的积极行动上。

（2）遇到意外情况要积极补救。遇到难题不要急躁，而要冷静、沉着地对待。有的学生遇到难题做不出来，心里就想："我做不出来，别人大概也做不出来。""这道题做不出来，努力把别的题做出来。""这门没考好，争取把下几门考好。""这次考试，就作为一次考试的练习吧！"这样一想，就会冷静得多，题目反倒做出来了。

（3）如果有怯场感，可以立刻去做比较容易的题目。如果这样做还调整不了情绪时，可以伏在课桌上休息一会儿，此时千万不要想考试的事，直到心情平静下来为止。

（4）考完试以后不要对答案，以免影响下一科的考试情绪。如果老师、家长或同学主动来问，尽量婉言避开这个问题。考完一科后，要立刻把注意力转移到下一科考试的准备工作上去，不要让过去的失败纠缠自己。这是一种积极的做法。

需要强调指出的是，不要把考试时必要的紧张也看成是怯场。考试时有点紧张，对调动人体的潜力、集中注意力、提高思维的效率是有一定好处的，平常说的"急中生智"就是这个道理。这种紧张只要没有影响到自己的回忆和思考，就不能叫怯场。

从怯场现象也可以看出，考试不仅要考学生的知识和能力水平，还要考每个学生的思想水平和意志品质。平时不注意这方面的锻炼，难免导致怯场。

考前轻松减压5大"撒手锏"

考生在考试前后面临的压力虽然很大,但可以采取有效的心理减压法加以应对。

这里有5大减压"撒手锏":

1. 饮食减压法

研究表明,有些食物可直接减轻人的心理压力,如一些含维生素C的食品。考生可多吃诸如草莓、洋葱头等富含维生素C的食品。

另外,少食多餐也有助于减轻考生的紧张与疲劳。如经常咀嚼诸如花生、腰果等食品对恢复体能、减轻疲劳是有一定帮助的。而过硬、过于油腻的食物,则会增加肠胃的负担,加剧考生的精神紧张。

2. 转移减压法

科学地安排生活,将体力劳动与脑力劳动有机结合起来。有意识地转移注意力是减轻心理压力的有效途径。如参加各种体育活动,放学后泡泡热水澡,与家人、朋友聊天,双休日抽出一些时间出游等。

3. 环境减压法

可考虑让爸妈在家里为自己营造一个良好而宽松的生活与学习氛围,如在言行上不要天天对考生灌输努力学习或考名牌学校等话。

4. 运动减压法

科学地安排生活，体力劳动与脑力劳动有机结合有助于减轻压力，及时消除疲劳。如在星期日，可和爸爸妈妈一起运动，考生也可在学习间隙伸伸腰、踢踢腿等。

5. 睡眠减压法

充足的睡眠是保证考生精力充沛、心理宽舒与平衡的前提，多时段的休息是调节过度紧张的有效方法。

6. 过渡减压法

从现在起，考生就应该慢慢减小学习强度，减少学习时间，采取过渡调节方式。只有在适当的压力下，才有助于更好地提高学习效率，轻松取得高分。

4招克服考前头脑发"木"

如果在考前你感觉到无精打采,易分心;看书头昏脑涨,记不住;平时心烦意乱,心不安。即为头脑发"木"现象。

头脑发木主要由于思想压力大、缺乏自信心、用脑不科学、复习方法单调、心理感应等原因所致。

具体做法如下:

1. 端正对考试的认识

考试是对知识的检验,不是"命运大决战",也非人生终点,要认识到,在前方的地平线上,成功与失败同样是开始。

2. 树立自信心

自信是成功的第一秘诀,无数事实证明,在其他条件大致相同的情况下,谁树立必胜的信心,谁就能取得更大的成功。

3. 多样化复习

文、理搭配,阅、听、读、写结合,避免枯燥、单一的复习方法。

4. 充分利用大脑的"最佳时期",学习和休息巧安排

当头脑清醒、精力充沛时,要抓紧学习;当大脑疲劳时,可睡觉或做户外活动,使脑细胞得到休息,恢复精力。那种考前通宵达旦的复习方法,绝非良策,往往会前功尽弃。

考前吃饭 5 忌 2 宜

我们从善学者饮食经验来看,总结出了考前饮食应注意 5 忌 2 宜:

5 忌分别为:

1. 忌食谱大变

考前饮食不要因考试临近而刻意改变,在临考前的一段时间及考试期间,饮食量都不要比平时增加太多,尤其考试期间饮食不要做太大的变动,应和平时保持一致。

2. 忌主食减少

考生饮食要保证主食的摄入量,大脑思维主要依靠的是葡萄糖,只有主食才能转化为葡萄糖,这就需要每天要摄取一定量的主食。

3. 忌吃坚果类零食

零食可以适当地吃些,但油腻类食物及坚果类食物,如瓜子、花生要少吃,还有甜食及奶油过多的食物要少吃。对此,可以吃黄瓜及水果等。

4. 忌吃鸡皮

考前吃大量油腻的动物性食品、油炸食品对考试不利。油炸食品易使人产生饱腹感,影响其他食物的摄入量,应多吃鱼、去掉皮的鸡肉、牛奶、鸡蛋等,也可以熬些绿豆粥、银耳莲子汤等。

5. 忌喝咖啡

考前可以喝一些茶及咖啡，但一定不能太浓，浓茶及浓咖啡都有兴奋的作用，会适得其反，影响睡眠质量。在考试期间一定不要喝咖啡，因为咖啡因的作用会使人尿频，影响考生的临场发挥。

2宜：

1. 每天宜吃2个水果

水果蔬菜有缓解厌食及便秘的作用。考生应保证每天吃2个水果，可补充所需的营养素及维生素和矿物质。

2. 厌食宜增加进餐次数

如果感觉考前压力大，产生厌食感，可建议父母把每日三餐变成每日四餐、五餐，增加进餐的次数，这样，在控制总量的前提下，多餐少吃，一样可以摄取我们一天所需的营养量。

第六章 脑力升维,超常发挥的考场答题策略

答卷有高招

有的学生一进考场,拿到考卷就紧张,不知道怎样答卷才好。但是,不管采用哪种答卷法,开始都要先写好自己的名字,大致看看题目的数量,以便分配好答题的时间。

答卷的确是要有方法的,送你答卷的高招如下:

1. 按照顺序,先易后难答卷法

这就是说按照题号的顺序审题,会一道就先做一道,一时不会的题目,先跳过去,继续往下答,直到把会做的题目做完;然后,按照这个方法,把第一遍没做出来的题目再过一遍,认真思考,把其中会做的题目全做完。如果还有时间,则集中精力去突破最后的难题,如果没有时间了,起码已经把会做的题目全做完了。

这种答卷方法的优点如下:首先,可以迅速消除考试紧张心理。拿到考卷后,由于很快就进入答题状态,注意力全部放在回答会做的题上,没有时间去想别的事情,使得刚进入考场时的紧张心理很快得以缓解,随着答题数量的增加,心中越来越有底,信心不断增强,从而彻底消除了心理上的紧张状态。其次,这样答卷可以避免把时间过多地花费在难题上,而使自己明明会做的题目到最后却没有时间去答。每次考试下来总有一些学生后悔在考场上没有先做容易的题，结果是难题没做出来，容易的题也来不及做了。

这种答卷法最适于考试时容易紧张的学生，因为它可以迅速缓解紧张心理，尽快进入答题状态，使答卷效率得到提高。可以说，这是一种比较稳妥的答题方法。

2. 全面看题，先易后难答卷法

这种方法就是拿到考卷后，先把所有的题目从头到尾看一遍，做个一般了解，再把答题的时间大致分配一下，然后开始做题。当然也是先做容易的题目，然后再做较难的题目，最后再做难题，直到把题全部做完。

这种方法的优点是：一开始就对试卷有了全面的了解，能够比较科学地分配好答题时间，对考试结果也能初步做出估计。

学习优秀、自控力比较强的学生适宜选择这种方法。因为看完题以后，知道大部分题目或者全部题目都会做，信心就更足了，可以冷静地把题目做完。

这种方法的缺点是，如果看完部分或全部题目之后，发现很多题目不会解答，紧张的情绪就会进一步加剧，甚至会惊慌失措。因此，这种方法对学习基础较差，或自控力弱的学生是不适用的。那些学习虽然不错，但容易紧张，不善于控制自己情绪的学生，最好也不采用这种方法。

3. 按照顺序逐一答卷法

这种方法就是按照题号顺序，一道题一道题地做。这种方法的优点是可以迅速地把注意力集中到答题上，缓解紧张情绪。缺点是想一遍就把题做完，忽略了先易后难的原则，如果碰到不会的题就要耽误时间，没有机会去解答后面会做的题目。有些学生平时养成了一种钻研的精神，题目做不出来，绝不罢休，这种精神是可贵的。可到了考场上，答题的时间有限，还是应该先把会做的题做完以后再去钻研难题，从这一点来说，这种答题方法是弊多利少。

对于大部分学生来讲，考场上的时间是十分紧张的，经常出现做不完题的现象，因此，在答题时，书写一定要快，以便挤出更多的时间用于思考问题。当然，也不能为了图快而书写潦草。有人提出答卷时要"袖手在前，疾书在后"，这话指出了答题时正确的快慢观。在答卷时应注意以下问题：

（1）想不起来，先放一放。在做题过程中往往出现这样的现象：明明记得很清楚的内容，到时候竟然会想不起来。遇到这种情况，不要坐在那里冥思苦想，可以把此题放一放，先去做别的题目，有时遗忘的内容会突然"再现"出来。如果回过头仍然想不起来，就可想一想与这一遗忘内容相近的知识或有联系的事情，通过联想使问题得到解决。当然，这种现象的出现反映了对知识的掌握还不够熟练，应该引起重视。

（2）仔细检查，更正错误。试卷答完以后，如果还有时间，就要抓紧时间检查。检查时，要先检查容易的、省时间的、错误率高的、自己没有把握的题目，后检查难的、费时间的、错误率低的、把握大的题目。有的学生忘记了考场上检查的时间是有限的，固执地先检查分数多的题目，结果刚好碰到难题，由于题目复杂，不是检查不完，就是查出了问题也没有时间改正，结果白白浪费了时间。对于那些查出了问题也没有时间改正的题目，就不要检查了，这倒是一种比较现实的态度。

开始进攻"敌人"

不必把考试当作艰难险阻，考试只是一条河，外表看起来，无边无垠，实际上却很浅，相信你自己，你就完全可以趟过这条河，到沿岸采摘到胜利的鲜花！

从我们上学开始起，我们就开始不断地面对考试了。有时候，我们必须承认：战胜考试比战胜考试中的各项题目更重要！你见过拳击比赛吧，进攻能力很强的高手总是能用恰当的力量击中对手的要害，如果你总是白白费尽力气又打不中要害，当然控制不了局面，最后趴下的肯定是你喽！

会揣摩老师教学要求的学生会想：考试会考什么内容和考题？老师期望我做什么？多数情况下，老师都会在复习时向学生提供大量考试信息，会进攻的学生往往心领神会，把握老师暗示的情报。

考试重要的核心问题是要知道考官究竟要考我们什么。考试情报不像军事情报那样绝密，进攻型的选手对老师发来的信号很敏感。

老师会用两种方法来测试你：一种是你学过的知识，一种是你没学过的。第一种测试里老师想知道你学习的程度是否达到他的要求；第二种测试里老师想拉开学生的成绩差距，可能会出些吹毛求疵的问题，难度可能会超出课本的要求。

你勘测好"敌情"，就可以设计自己的应考方法了。

你可能拿到一张理想而合理的考卷，由具备多年教学经验的老师出的，能够科学地测定你的学习效果，那么你能很容易地表达你学到的知识；如果你的老师出了与课本无关或联系不大的题，你难以表达你所学的知识，那么你也不必紧张，你不会的题，别人也未必做得出来，我们要相信自己进攻考试中的困难的能力！

当然，要想成为一个进攻型的高手，平时也要多注意积累学习方法，多提高自己的实力，只有自己的知识储备十分深厚了，我们才有能力进攻敌人，不是吗？

5 种考题的不同答法

考试中的不同题型，要求和答法都不一样。

这里有 5 种考题，其答题法可用思维导图绘制如下：

1. 作文题

对于作文题，应注意以下几个方面：

（1）认真审题，理解题目要求，看清体裁范围；

（2）轻微地在重要词语底下画线，让思维更清晰；

（3）用思维导图法迅速记下自己的想法，记得越多越好；

（4）用思维导图法列出较为详细的分段式提纲；

（5）写作时，注意文章思路的清晰度和文笔的流畅性；

（6）使用承上启下的过渡性短语，使阅卷老师明白文章的脉络和发展；

（7）交卷前，检查作文以纠正错、漏字与句法错误。

2. 简短问答题

对于简短问答题，应注意以下两个方面：

（1）知道此类题考核的是逻辑思维能力；

（2）可以把第一种作文题的各项原则应用于简短问答考试。

3. 实验室型考题

对于实验室型考题，应注意以下两个方面：

（1）认真查看实验室内所有标本，熟悉各自的种类、大小及其不同的方面；

（2）尽早开始复习，避免临近考试前实验室拥挤及其他方面的不便。

4. 是非判断题

对于是非判断题，应注意以下几个方面：

（1）在一些是非题中会对猜测施以处罚，故此，猜测答案要格外谨慎；在试题的中心词底下画线；

（2）将多项选择题中的有关原则应用于正误题作答中。

5. 多项选择题

对于多项选择题，应注意以下几个方面：

（1）复习要充分、全面，注意细节；

（2）先做比较容易的试题，再答较难的试题；

（3）如果感觉最初的答案错了，就马上改变答案；

（4）把答案都填入正确的空格之中，包括计算机填涂卡；

（5）交卷前，检查一遍答卷，擦去可能与答案混淆的零星记号。

答客观题的 6 大技巧

客观题答题有 6 大技巧，首先在一幅思维导图上表现出来：

1. 把握大局，不放过细节

对于客观题，我们在正式答题之前，应当先浏览一下整个卷面，对全部试题的量和难度有一个大概的了解，以确定自己答题的速度和重点。认真研究每一个选择题的每一个选项，考虑之后认真选择一项最为合适的答案，不被假象所迷惑。

同时，认真对待知识点，如"全部""至少""某些""经常""有时"等要格外注意，稍有疏忽，便会导致误答。对于相关的概念，审题也要注意不要因疏漏而错选答案。

2. 坚决自信，不犹豫

答客观题时，对于不能把握的选项，不要慌张，这时可考虑自己的第一感觉。

3. 把握时间，讲究速度

在题目数量较大的情况下，时间都比较紧张，回答该题的思考时间很少，尽量不要拖延、犹豫不决，通常是仔细读完题后就要有一个明确的答案。根据剩余题目计算并分配时间。

4. 细心比较，排除错误

时刻小心，不把简单问题复杂化，认真对待每一个问题。可以考虑把多项选择答案互相联系起来，直接把客观选择答案加以比较，并分析它们之间的异同，把把握不大的答案排除在外。

5. 从容，镇静

对于客观题中碰到的一些陌生术语或单词，一定不要慌乱，可先阅读全文。如果要求翻译一句话，有时可省略一个单词，意思仍然通顺。如果陌生单词非译不可时，可根据那个单词和整篇文章的关系来推断。

6. 巧妙估算，注重逻辑

理科考试中的计算性选择题，如果采用常规的计算也可以求解，但浪费时间，这类题多半可以采用简便的估算法求解。平时可以注意训练。

同时为了训练自己的逻辑做题法，可以从其他相关的题目中去寻求答案。

高分答题的 6 个关键点

无论针对什么样的题型，若想高分答题应该注意这 6 个关键点：

1. 有效利用 10 分钟，稳定自己的情绪

考生进入考场，开考前需要等待 10 分钟左右的时间，这时，我们可以进行几次深呼吸，尽快使自己的情绪稳定下来，同时，及时检查试卷是否有缺页、破损、漏印或模糊等现象。如有，可以及时更换；接着浏览一下整个试卷，对题型、题量有个了解。

2. 尽量不留"空白"

对于考卷上没有把握的客观题，要相信自己的第一感觉。对于主观题，可以采用"分步""分点"得分的方法。会多少写多少，即使写上一些相关的公式也可能会有一定的分数，以达到在能得分的地方绝不失分，不得分处争取得分的目的。

3. 科学分配时间

可根据题量的多少，合理分配时间，比如一个只有 1 分的选

择题花去了你8分钟的时间，这样绝对不划算，这时应考虑攻克容易的题目，最后再分配时间主攻较难的题。

4. 做题先易后难

拿到考卷后，要先做容易题，后做难题。先做容易题可以增加自信心，使心情逐渐稳定下来，而且做的小题越多，拿到的分数也就越多，心里就越有底，更利于做剩下的难题。

5. 难题要果断弃置

如果一道题花费你太多的时间而没有任何进展，这时应该考虑果断放弃，待其他会做的题完成后，再回过头来攻克它。

6. 提高解题速度

答题尽量做到准确、思路清晰，写清每一步的推导、演算，格式要规范。会做的题争取一遍做对，提高效率。这些就要求平时应打好基础，养成周密思考、严谨解题的好作风，把该拿的分都拿下。

主观题得高分 4 大诀窍

主观题是对我们最普遍的一种考核方式。这类题目不仅能更好地要求回忆所学的内容，还要求组织某些材料，这类考题常被称为"发挥性题目"，使考生有机会表现自己准备的程度和对某项知识理解的深度和广度，同时老师也能在评卷时做出更多独立的思考和判断，因此这类考题是没有什么严格规定的统一答案的。

这里共有 4 大应答诀窍，用思维导图绘制如下：

1. 仔细审题，把握中心

一些论文式的主观试题，题目的文字叙述较多，或者是应答知识的容量较大。主观题的题分一般都较高，答题时一定要注意认真审题，准确理解题意，一定要把答案限定在试题所要求的范围之内，切忌答题时笼统地概括和胡乱地"填塞"。

2. 草拟一个答题提纲

草拟一个答题提纲至少有两点好处：一是合理地组织材料，使自己对问题的论述能够层次分明，条理清楚；二是避免漏答某些重要的内容和观点。

提纲一般包括两个方面的内容：①本题打算回答几个问题或观点；②按怎样的顺序回答。然后就可以准确而迅速地答题了。

3. 回答论述题要言简意赅

回答论述题一定要直截了当，不要用引言段开头，也不要开头把问题重新写一遍。评卷老师一般喜欢的是思路清晰、言简意赅的答卷。

答题的时间分配应根据题分来确定,审题时当你拟出答题提纲以后,可以对自己列出的每一个要点都提出个"为什么",在心里反问一下该点是否重要,这样做就能鉴别出哪些东西有价值,哪些东西没有意义。对于没有意义的议题或论点,应当毫不犹豫地删除,这样在你的答案中就可以少说废话和空话了。

4. 提高组织答题材料的能力

要想组织好材料,提高自己的答题能力,答好题,一方面要掌握好论文式题目的应答技巧,另一方面要提高自己的语言表达水平和思维能力。

我们在平常考试时应该培养自己的这些能力,思维和语言有着密切的联系,如果一个人的语言水平很低,他的思维发展水平也就不可能很高;如果他对某一问题思考越深刻,他的语言表达能力也就越明确、清楚了。这样答题自然能得高分。

临场考试超常发挥的 6 大策略

临场考试超常发挥有技巧可言,具体有 6 大策略:

1. 平静心态,沉着应考

走进考场后,尽量不去想那些容易分神的事情,忘记自己的存在,可通过深呼吸、闭目、凝视某一个固定物体等使自己的心安静下来，并想象自己顺利答题的样子，运用积极思维暗示自己一定很棒。让自己达到一种成竹在胸的感觉。

2. 浏览全卷，审清题意

如前文所言，利用正式答卷前 5 分钟，迅速浏览一遍试卷，对难题、易题做到心中有数。调整好心态，从容易题开始答起。

答题前务必认真审题，看清题型、明确题目的具体要求。比如有些题要求选出错误的答案，理科题目注意单位，注意挖掘题目的隐藏条件等。

3. 随时克服冒出来的新问题

顺利做题过程中，突然出现一些意料之外的新问题也很正常，这时，一定要端正心态，采取各种方法化解这些新问题。

我们接到考卷后，一定要知道，我们想的绝不能是"答案是什么？"而应该是"问的是什么？"所以，一旦发现"问的是什么"，应当多看它几遍，以免有误。

面对新问题时，我们还应该控制好自己的情绪，时刻以最佳的状态去应考。对于那些无从下手的题目，还应该学会大胆猜测。

4. 先易后难，合理分配时间

正式进入答题过程后，要先做那些简单而且短小的题目。因为人在不同焦虑程度下适合完成的任务也不同。通常考生在刚入考场时，焦虑程度是最高的，只适合完成难度较小的简单、短小的题目，随着考题完成量的增加，焦虑程度会有所降低，这时再去做那些比较困难的题目，就可以慢慢解决掉这些难题了。

5. 巧解难题

考试中会经常遇到的困难主要有两类：一是记忆卡壳，平时会做的题，记得很清楚的知识，忽然忘记了；二是题目难度太大，一时间不知道从哪里下手。

遇到困难时首先是不要紧张，因为上述两种情况往往是太紧张、太兴奋造成的。正确的方法是：先放下这些题目，去做一下其他的考题，或者去检查一下前面已经做完的与之相关的或类似的题目，看能否从中找到提示，或者回忆一下自己曾经做过的例题，或者回忆一下相关的知识，寻找突破口，以退为进；或者干脆把考试中其他的题目全部做完之后，再把这道题当作一般的练习题来做，没有了后顾之忧，就可以集中精力重点突破。

6. 全面检查，保证高分

答完试卷以后，应该抓紧时间进行全面的检查。检查包括考

卷是否完整，有没有单独半张的试卷，考号、姓名是否写好、写准，答题卡填写是否正确，是否有漏做题。检查的顺序应该先查容易的、省时间的，但又可能是错误率高的，自己又不太有把握的题目；然后再检查难的、费时间的、错误率低的、把握大的题目。这样做可以利用答题结束后的有限时间，可谓一举多得。

对大题的答题步骤或要点是否完善是我们检查中的重中之重。检查答案是否要做必要修改或做适当的补充。包括作答的内容是否准确、概念是否混淆、关系是否颠倒、关键词句是否书写时有错别字、标点符号是否恰当等。